U0613626

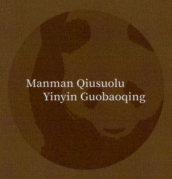

Manman Qiusuolu
Yinyin Guobaoqing

圈养野生动物技术系列丛书

漫漫求索路
殷殷国宝情

——北京动物园大熊猫易地保护研究纪实

张成林　齐莉梅　丛一蓬　主编

中国农业出版社
北　京

图书在版编目(CIP)数据

漫漫求索路　殷殷国宝情：北京动物园大熊猫易地保护研究纪实 / 张成林,齐莉梅,丛一蓬主编 . -- 北京：中国农业出版社,2025. 6. -- ISBN 978-7-109-32619 -4

（圈养野生动物技术系列丛书）

Ⅰ.Q959.838

中国国家版本馆 CIP 数据核字第 2024YC1116 号

MANMAN QIUSUOLU YINYIN GUOBAOQING

中国农业出版社出版

地址：北京市朝阳区麦子店街18号楼

邮编：100125

责任编辑：周锦玉

版式设计：刘亚宁　　责任校对：吴丽婷　　责任印制：王　宏

印刷：北京中科印刷有限公司

版次：2025年6月第1版

印次：2025年6月北京第1次印刷

发行：新华书店北京发行所

开本：700mm×1000mm　1/16

印张：12

字数：228千字

定价：168.00元

版权所有·侵权必究

凡购买本社图书，如有印装质量问题，我社负责调换。

服务电话：010－59195115　010－59194918

丛书编委会

主　任　　丛一蓬

副主任　　张成林

委　员　　王　馨　冯小苹　李　扬　郑常明　卢　岩　贾　婷　周　娜

　　　　　普天春　李金生　魏　珊　徐　敏　李　银　刘卫兵　牟宁宁

　　　　　罗晨威　杜余礼　赵　靖　胡雪莲　赵冬怡　徐　震　卢雁平

　　　　　宋　莹　柳浩博　任　旻　马　鑫　李新国　李伯涵　李　素

　　　　　刘学锋　崔多英　刘　赫　张恩权　由玉岩　柏　超　蒋　鹏

　　　　　赵素芬　王运盛

本书编写人员

主　编　　张成林　齐莉梅　丛一蓬

副主编　　刘学锋　李　银　郑常明

编　者　　（以姓氏笔画排序）

　　　　　王羽佳　丛一蓬　卢　岩　齐莉梅　刘　燕　刘学锋　刘　赫

　　　　　李　银　张成林　周　翰　周　娜　杨明海　郑常明　郝菲儿

　　　　　赵素芬　贾　婷　夏茂华　焦思敏　普天春　龚　静

资料提供　北京动物园档案室　刘维新　李成忠　叶　红　郑锦璋

　　　　　白淑敏　鲁　诚　许娟华　何光昕　王万民　刘志刚　马　涛

　　　　　刘彦晖　李长元　王保强　王建平

照片提供　北京动物园档案室　李树忠　叶　红　刘志刚　许艳梅

　　　　　李成忠　叶明霞　张成林　王万民　刘学锋

顾　问　　郑锦璋　李成忠　刘维新　白淑敏　许娟华　何光昕　廖国新

　　　　　李树忠　鲁　诚　王保强　张金国　刘志刚　许艳梅　王长海

　　　　　王万民

主编单位　北京动物园管理处　圈养野生动物技术北京市重点实验室

支持单位　国家林业和草原局野生动植物保护司

丛书序

1906 年，我国在北京西郊建立的"万牲园"饲养狮子、猕猴等野生动物，成为我国动物园的雏形，也是北京动物园的前身。20 世纪 50 年代是我国动物园建设的首个高峰期，许多城市开始兴建动物园。70—80 年代是我国动物园建设的第二个高峰期，各个省会城市基本都有了动物园。20 世纪末，野生动物园在国内出现，以散养、混养、车览模式，展出了大批国外物种，且国内开始建设海洋馆，出现了第三个动物园发展高峰。21 世纪以来，以动物园为中心的综合旅游项目越来越多，成为拉动地方经济、文化发展的重要动力。目前，我国几乎各大主要城市乃至经济发达的小型城市都有了动物园，城市动物园的数量近 300 家，还有数百个海洋馆、野生动物园、专类公园等。另外，个人饲养野生动物也越来越多，成为不可忽视的现象。

20 世纪 50 年代，北京动物园邀请苏联专家讲授动物园的经营管理知识、野生动物饲养技术，这是我国动物园首次系统接受现代动物园的知识和理念。60 年代早期，北京动物园成立了专门的科学技术委员会，开始了野生动物饲养繁殖技术研究，积累了大量野生动物饲养管理、疾病防治经验。70 年代，我国动物园行业建立了科技情报网，整理印刷了《中国动物园年刊》《中国动物园通讯》等，加强了动物园之间的技术交流。改革开放后，随着国际间人员、技术、动物交流增加，环境丰容、动物训练等理念被吸收进来。中国动物园协会、中国野生动物协会、海洋馆协会都通过举办各种专业技术培训班，加强了大家对野生动物的认识，进一步提高了动物园的技术水平，促进了动物园行业的发展。

改革开放以来，国内动物园的规模不断发展，圈养野生动物技术水平也在不断提高。随着我国经济水平的提高，动物园的经营理念也随之发展，动物展示、休闲娱乐、教育保护、科学研究等功能得到不同程度的体现，动物福利、动物种群理念也进入管理工作中。但是，我国动物园仍处于现代动物园初级阶段，专业的饲养人员、技术人员、管理人员严重不足，缺乏系统的技术知识；仍以粗放型、经验型管理为主；动物福利保障与展示需要之间出现矛盾；保护动物意识有待进一步加强，展出的本土物种种类和数量需要增加。因此，进一步提高动物园动物饲养展示技术和野生动物保护水平，是目前我国动物园行业发展的重要任务。

2014年，北京动物园申报通过了北京市科学技术委员会圈养野生动物技术北京市重点实验室，开展野生动物繁殖、营养、疾病防治、生态保护等研究。近两年，许多动物园也相继成立了野生动物技术研究和野生动物保护机构；互联网、多媒体技术的快速发展和应用，为信息获取和交流提供了技术支持，为提高圈养野生动物技术打下了良好的基础。

北京动物园圈养野生动物技术北京市重点实验室积极总结国内动物园的成功经验，吸收国际动物保护新理念、新技术，组织相关领域专家编写了"圈养野生动物技术系列丛书"，丛书涵盖了圈养动物的饲养繁殖、展示、丰容训练、疾病防控、健康管理、保护教育、生态研究等内容。相信丛书的出版能够对提高我国动物保护水平、促进动物园行业发展起到积极的作用。

北京动物园愿意与大家合作，建立国内圈养野生动物技术体系，为我国动物园行业发展、为野生动物保护贡献自己的力量。

"圈养野生动物技术系列丛书"编委会
2019年4月

1869 年，法国人戴维（Pere Armand David）在四川的宝兴首次科学发现了大熊猫，并将大熊猫的模式标本展示在世人面前，引发了全球"熊猫热"，热度至今有增无减。150 多年过去了，圈养大熊猫数量达到了 673 只（截至 2022 年 10 月），野外大熊猫的数量达到 1 864 只（截至 2015 年 2 月），大熊猫保护取得了举世瞩目的成绩。2016 年，世界自然保护联盟（IUCN）经过科学评估，宣布将大熊猫的保护级别由"濒危"调整为"易危"，这是大熊猫保护史上的重要事件，更是中国政府积极保护野生动植物决心和努力的体现。

从 1984 年起，我跟随先师胡锦矗先生开始研究大熊猫，特别是野生大熊猫种群，随后对圈养大熊猫的遗传多样性开展了评估，其间与饲养管理人员有很多接触。回望大熊猫迁地保护工作，圈养大熊猫的数量不断增加，科学研究越来越深入，研究范围越来越广泛，迁地保护取得了丰硕成果。但遗憾的是，反映圈养一线技术人员和饲养人员工作的材料，特别是大熊猫早期饲养的资料保留非常缺少。

北京动物园是我国第一家动物园，也是饲养展示大熊猫最早的动物园之一。据资料记载，北京动物园从 1955 年开始饲养展示大熊猫，经过几十年的不懈努力，探索形成迁地圈养大熊猫的饲养管理、饲料营养、圈养繁殖、场馆条件、展示管理、疾病防治等技术，成绩斐然：如 1963 年成功圈养繁殖第一只大熊猫；1978 年首次人工授精繁殖大熊猫；1986 年出版《大熊猫解剖 —— 系统解剖和器官组织学》；1992 年首次全人工育幼成活大熊猫；同年成功培育人工繁殖后代雄性种公兽；1995 年首次成功用黑熊血救治大熊猫；2000 年一母带双仔成活；2019 年出版《圈养大熊猫健康管理》，首次提出大熊猫个体健康与种群健康管理理念；等等。这些成绩有目共睹。

1

我与北京动物园有着多年的大熊猫研究合作，与本书中的许多人物都熟悉，并有甚多的交流。书中展示了北京动物园整理的早期人工饲养大熊猫的资料，包括饲料与营养、饲养与环境、发情与配种、妊娠与假孕、采精与授精、育幼与成活、麻醉探索、腹泻与排黏液、寄生虫防控、营养不良、基础生理研究等。其内容之广、之深出乎我的意料，我对这些技术人员、饲养人员的敬业精神十分钦佩。几十年来，北京动物园的技术人员，不断地探索研究，基本解决了大熊猫饲养管理、发情配种、繁殖成活、疾病防治等难题，为圈养大熊猫种群发展奠定了坚实的基础，做出了巨大的贡献。

　　目前，大熊猫迁地保护工作中仍有许多问题亟须解决：圈养大熊猫种群间遗传交流不足，保护管理能力仍需加强；圈养条件下大熊猫疫病防控难度越来越大，防控技术不足；社会上对圈养大熊猫的关注度不断升温，圈养管理措施亟待进一步完善；科技人才短缺，成熟技术的交流、应用不充分；等等。面临的新问题越来越难、越来越复杂。希望北京动物园能一如既往，继续开展圈养大熊猫的研究，不断引入新机制和新技术，为实现健康、可持续发展的圈养大熊猫种群做出更大的贡献。

中国科学院院士　魏辅文

2023 年 3 月

漫漫求索路　殷殷国宝情
——北京动物园大熊猫易地保护研究纪实

前言

　　1955 年，北京动物园接受国家任务——饲养大熊猫。这是中国正式开展大熊猫饲养研究之举，更是北京动物园的荣誉。当时，养活大熊猫是动物园第一任务。大家都知道大熊猫吃竹子，可是大熊猫不是吃所有种类的竹子，还有北京不是竹子产区，为了满足多只大熊猫常年的竹子供给，北京动物园遇到了许多难题：大熊猫喜欢吃什么竹子？竹子质量如何保障？如何运输、储存？以及费用如何保障？等等。为了解决竹子问题，动物园派观察组到大熊猫原产地，观察并了解到大熊猫野外喜吃竹子的种类。可是，要把产于四川的竹子运回北京成了最大难题。蜀道之难，大家公知，尤其是那个年代，把四川的竹子铁路运到北京最快也要 2~3 天时间，再新鲜的竹子，到北京时也是"竿黄叶枯"，质量不能保障。因此，只能到北京及其周边省份寻找竹子，最后找到了河南驻马店地区，那里有大片的早园竹，大熊猫喜欢吃，可以常年供应，并且距离北京较近，综合考虑最后就选定河南焦作市为北京大熊猫食用竹的竹源供应地。寻找竹子那几年，饲养员把北京周边的竹子几乎"砍光"了，也曾试验在北京种植竹子，但由于产量不足，以及气候、雨水等原因，秋冬季竹叶就黄了，采取了多种方法，还是满足不了常年供应的需要。也曾经试用过甘蔗、芦苇，以及各种高纤维蔬菜作替代品，研究添加牛奶、鸡蛋等食物，能吃尽供。可是，竹子不足是万万不行的。北京的冬季寒冷、夏季酷热，三九天大熊猫怎么过冬？饲养员把居民家里常用的"堵窗糊缝、烧煤炉子"的"土法子"都用上了，还担心大熊猫夜里受冷、煤气中毒，整夜轮流看守。还有大熊猫动不动就排黏液，什么原因？不知道。又出现了严重感染蛔虫的现象，家畜用的药能给大熊猫用吗？人用的药能给大熊猫用吗？剂量是多少？虽然动物园有专业的兽医，并请了归国华侨兽医负责，但还是不能解决所有的难题。1963 年 9 月 9 日，大熊猫"明明"的出生让大家欣喜，饲养 8 年多了，终于首次实现人工饲养环境下大熊猫繁殖成功！可是，大熊猫什么时候发情？发情现象是什么样？什么时候合笼配种？怎么就知道母熊猫怀上了宝宝？这些问题都没有解决。还有看着"体格健壮"的雄性大熊猫就是不会配种，看见母熊猫就"怂"了，可把技术人员急坏了。好不容易怀孕了，等大熊猫宝宝出生了，还生了两个宝宝，可是妈妈只能管一个，饲养人员又愁坏了，不知道给宝宝喂什么吃！……难题真是一个接一个。

几十年来，为了解决饲养中的问题，北京动物园成立了研究组、科研所、研究中心，先后设立了56项技术攻关项目（截至2022年底），开展了饲料与营养、饲养与环境、发情与配种、是否妊娠、采精与授精、育幼与成活、麻醉药物与技术、腹泻与排黏液、寄生虫防控、营养不良、基础生理等易地保护技术研究。经过几代技术人员几十年的努力，探索解决了易地饲养大熊猫竹子供应和存储问题；研究出大熊猫精饲料配方和制作大熊猫专用窝头的方法；探索出大熊猫人工采精、输精技术，1978年首次实现人工授精繁殖成功，1980年又用冷冻精液繁殖成功；探索了大熊猫人工育幼技术，1992年首次完全人工哺育成活大熊猫幼崽；探索了大熊猫饲养技术，培育出能够繁殖的大熊猫种公兽；探索出用氯胺酮成功麻醉大熊猫技术，为大熊猫繁殖、疾病诊治提供了保障；开展了大熊猫生理基础研究，1986年出版了《大熊猫解剖 —— 系统解剖和器官组织学》专著；研究了大熊猫血液特性，1995年探索出采用黑熊血液为大熊猫输血，总结出大熊猫血液生理生化指标；探索亚成年大熊猫营养不良原因，1997年发现亚成年大熊猫患病个体患低三碘甲状腺原氨酸（T3）综合征，成功治愈患病个体并成功繁殖；探索大熊猫母兽哺育技术，2000年实现了"间接法"大熊猫一猫带双仔；探索大熊猫种群发展管理，2016年提出了大熊猫健康管理理念，2019年撰写出版了《圈养大熊猫健康管理》专著，注重个体健康与族群健康，保障大熊猫种群健康持续发展。北京动物园几十年的研究成果填补了8项技术空白，获得了2项国家级、8项部市级、5项局级奖项。

回顾大熊猫保护历程和成绩，反映大熊猫科学研究成果的论文、著作很多，体现大熊猫圈养技术研究过程的材料很少，特别是缺乏大熊猫易地饲养管理的资料。作为现任的动物园技术和管理人员，笔者团队参与了大熊猫疾病防治和饲养管理工作，并与20世纪50年代以来的大部分参与者有过工作接触，深知大熊猫易地保护的不易，有义务将此部分有意义的历史工作总结传承下去，特别是现在大部分参与者仍健在，能对这次的总结提供原始资料。于是，笔者团队通过走访各个年代以来大熊猫饲养研究亲历者、查阅历史档案、整理著作论文，撰写了这本纪实图书。在此，感谢动物园总工程师郑锦璋先生，技术员刘维新先生、李成忠先生、何光昕先生、鲁诚先生，白素敏、王万民、许艳梅、刘志刚、王长海、李长元、马涛、刘彦晖等一线饲养人员，以及动物园档案资料、叶掬群的工作日记、李树忠的摄影照片资料，这些都为本书编写提供了大量的一手资料。特别感谢齐莉梅老师，20多年来一直热心关注北京动物园保护事业，积极参与大熊猫、金丝猴等动物的保护工作，克服自身的眼疾、颈椎病，历时4年多时间，与北京动物园一起交流、整理、反复修改，终于完成了这本大熊猫易地保护研究纪实。笔者团队作为现任动物园技术工作者，尊重历史，敬畏前人，有责任传承创新。通过整理总结资料，希望能够填补大熊猫保护历史工作，并鼓励后来者继续努力。同时，整理了"北京动物园大熊猫饲养管理人员""北京动物园有关大熊猫的大事记""北京动物园大熊猫易地保护获得的8项首次技术突破""圈养大熊猫体重发育表""圈养大熊猫血液参数"等资料（附录），以期为大家提供更多的信息资料。

2017年，笔者团队制定了编写出版"圈养野生动物技术系列丛书"的计划，以发挥动物园技术人员的优势，挖掘北京动物园上百年的野生动物饲养管理、疾病防治、场馆丰容、动物训练、饲料营养等方面积累的经验。几年来，编写计划得到各级园领导和技术人员的大力支持，已连续出版了10多本，并得到动物园行业肯定。本书是否列入"圈养野生动物技术系列丛书"，有人提出了不同的意见，因为此书与已经出版的系列丛书风格不同，是纪实性叙述，并带有一定文学性，我们也在考虑。后来，我们与出版社沟通，出版社认为虽然是纪实性作品，但是内容是反映动物园圈养动物技术及研究过程，与我们系列丛书的宗旨要求相符，可以加入该丛书。

撰写此书，要获取更多有关材料，我们为此联系和采访了所有能够联系到的相关人员，但限于时间和精力，并未能采访所有参与过大熊猫保护工作的人员。因此，难免存在资料不全、描述不完整、内容有繁有简的现象。希望读到本书的同仁能够理解！更希望通过此书向北京动物园所有从事大熊猫保护工作的人员及关心、支持大熊猫保护的各界人士致以诚挚的感谢！

编　者

2023年7月

目录

第一章

踏入大熊猫饲养的
蛮荒之地

一、
重任压顶，
直面鸿蒙

对于北京动物园来说，1955 年注定是一个载入史册的年份。4 月 1 日，北京市人民政府将 1949 年 9 月命名的"西郊公园"改名为"北京动物园"。更令人惊喜和振奋的是，1955 年 6 月 4 日，3 只大熊猫被专机空运到北京动物园，7 月 2 日便有 1 只大熊猫在园内对全国游客展出！虽然，早在 1951 年北京市人民政府就决定在首都设立大型人民公园，并且在北京西郊公园（北京动物园前身）开始野生动物展馆等基础设施的建设，但是，这么快就让大熊猫入住进来，还是大大出乎人们的意料！要知道，刚刚建立起来的北京动物园还处在"婴儿期"，她的前身仅仅是个"破败"的农事实验场！大熊猫的到来，令北京动物园的员工们深感这场"国家行动"的寓意重大，这将大大提升全国人民心中新首都的文化地位。不过，工作人员还是低估了大熊猫入住首都的深远意义，直到大熊猫作为友好使者出现在世界各地，大家才顿悟到：大熊猫何止是"镇都

1955年首次饲养的3只大熊猫（叶明霞　提供）

之宝"，它乃是"镇国之宝"啊！它是中华人民共和国无可替代的外交和文化使者。无疑，国家的重托是北京动物园饲养和保护好每一只大熊猫的强大动力，同时也是数十年来鞭策几代饲养和科研人员在饲养和研究大熊猫的过程中不畏艰辛、不断进取的力量源泉。所以，北京动物园从接收首批大熊猫的那一刻起，就准备好迎接即将面临的种种考验了。尽管如此，在接下来的大熊猫饲养过程中，工作人员遇到的每一个问题，其难解程度都远远超出了所有人的想象。

北京动物园首任园长崔占平知道，要建立大型动物园，首先要饲养好大熊猫这类稀世的野生动物，前提条件是要有完善的基础设施和强大的技术管理力量。然而，鲜有人知，北京动物园建园时，甚至连像样的场馆都没有，新中国成立之初，莫说动物园，整个国家都处在一穷二白的状态中。谁都知道，战争给一个国家和人民带来的是什么！家破人亡，民且不聊生，哪还有园林里野生动物的生路？哪还有人关注和保护野生动物？更何况，中国经历的战乱动荡时期太漫长了，从1840年6月开始的第一次鸦片战争，到1953年7月结束的抗美援朝战争，整整横跨了一个多世纪！长期的战乱致使国家的经济止步不前，1950年全国国民生产总值只有683亿元[①]，按当时的汇率计算[②]，相当于248亿美元，仅是当年美国国民生产总值的8.7%[③]。也正因为战乱，1949年2月，当北京市人民政府接管农事实验场（北京动物园前身）时，园内只剩有十几只猕猴、几只鹦鹉和一只鸸鹋。

北京动物园首任园长崔占平

　　幸运的是，新中国政府把保护国内珍稀物种摆在了重要的战略位置，1950年就颁布了中国历史上首部《稀有生物保护办法》[④]，紧接着作为保护野生动物工程之一，设立首都动物园的战略规划也被提上议事日程。在新中国的始创年代，满目疮痍的国民经济才刚刚起步，抗美援朝战争刚刚打响，各行各业都迫切需要资金和人才。即便如此，1950年8月，北京市公园管理委员会决定动物园增设兽医院，由北京市政府聘请华北大学兽医学医师吴学聪教授任顾问，1952年3月特邀留美归国兽医博士黄逢坤先生和爱人黄惠兰夫妇到动物园任职，1953年北京农业大学兽医系郑锦璋毕业分配到动物园，1954年北京大学生物系李扬文分配到动物园，后来动物园陆续又调配来北京大学、北京农业大学、广州中山大学、四川大学、兰州大学等著名院校的15名大学生。1951—1953年国家还投入了300多万元修建园内的基础设施。与此同时，国家还将购置及友好国家赠送、交换的数十种鸟类和兽类交由北京动物园饲养

中华人民共和国成立后毅然
从美国归国的兽医院首任兽
医主任黄逢坤先生　　　　黄惠兰女士

展出，其中不乏有亚洲象、长臂猿、犀牛、美洲狮等一类珍稀野生动物。工作人员很清楚，这一切都是为了尽早建设好北京动物园，为了尽快提高北京动物园的野生动物饲养管理能力和保护水平，为了展示社会主义国家提高人民文化生活品质的初心。

① 国家统计局，1984.光辉的三十五年 [M].北京：中国统计出版社.
②1950年汇率：1美元=2.75元人民币.
③ 三联书店编辑部，1982.世界经济统计简编 [M].北京：生活·读书·新知三联书店.
④ 赵学敏，2006.大熊猫——人类共有的自然遗产 [M].北京：中国林业出版社.

郑锦璋、甘声云夫妇（2019 年）

苏联专家的讲义

彼时，北京动物园刚刚建园，一下子接管饲养那么多野生动物，一下子要与各种从未见过的珍稀动物打交道，无论是对于新领导班子，还是对于新饲养员，包括新来的大学生，都是相当大的挑战。2019 年，笔者拜访北京动物园第一代兽医郑锦璋和甘声云夫妇时，郑先生回忆道："1953 年刚从北京农业大学兽医系毕业来到动物园时，有很多种野生动物连认都不认识，面对完全陌生的动物，人们感到束手无策。在大学时，学习和接触的是家畜，它们的生理结构和机能等与野生动物差别很大，这就意味着，我们这些大学生照样要从头学起。时任园长崔占平非常重视技术，让新来的技术人员参与到一线工作中"。说起大熊猫，郑先生回忆："当时的交通条件不像现在这样发达，没有直达成都的飞机，1955 年接大熊猫时，我们从北京西郊机场出发先飞到西安，再从西安飞到重庆，然后由重庆再飞到成都，每次都要休息吃饭后才能再起飞，路上需要 10 多个小时，当时的机型是伊尔 14，小飞机，只能坐十几个人。"

郑锦璋先生接着说："崔占平园长是军人出身，但为了改变北京动物园'外行人做内行事'的状态，在 1952 年就派工作人员走访了多个友好国家，专门学习那里动物园的饲养和管理经验；1954 年又聘请了苏联专家来园进行 1 个月的饲养管理方面的讲学和培训，给我们带来了系列动物饲养管理知识和经验，包括动物园建设、动物饲料、动物运输、动物疾病防治等全面系统的知识。"现在我们回忆国内动物园发展历史，可以说这两本《讲义录集》是中国动物园饲养管理野生动物技术的基础，是北京动物园走向现代动物园的前提和样板。不仅如此，园长崔占平还特别注重组织技术和饲养人员练内功，对饲养事业极其投入，想出很多提高饲养水平的点子，并且决策也十分果断。崔园长认为，要想饲养好野生动物，必须让技术和饲养人员到野生动物栖息地考察动物的生态习性，亲自感受和了解动物的野外生存环境。为此，他派出多批考察队深入到各个动物栖息地，特别是到东北虎、大熊猫等国内珍稀野生动物栖息地开展实地调查。"

就在北京动物园补短板的工作紧锣密鼓地进行时，大熊猫突然空降而来，这让全园工作人员欣喜若狂，同时，更是感到了泰山般的压力。因为，没有一个人懂得该如何喂养这些从未见过，甚至没有听说过的珍宝级野生动物。

饲养大熊猫对北京动物园的压力之所以那样大，不仅仅因为动物园饲养珍稀动物的经验十分欠缺，还因为当时国内外少有成功饲养大熊猫的先例。中华人民共和国成立前，国内别说展出大熊猫了，就连饲养的记录都极为少见，仅有的几例记录，大熊猫都十分短命，最长的也没有超过 7 个月，那还是成都华西大学创造的纪录。1939 年，美国人将捕获的大熊猫幼体，在运出国门前就寄养在那里[①]。1953 年，成都动物园在国内首次饲养展出了大熊猫，可惜仅仅过了 3 周，大熊猫便夭折了。西方国家的动物园有很长的饲养珍稀野生动物的历史，积累了许多的经验，即便如此，1936—1946 年运抵欧美的 16 只活体大熊猫中，仅有 3 只饲养存活期较长（6~13 岁），其余大多没能活过 2 岁，寿命最短的仅仅十几天。据不完全资料显示，那些 2 岁内死亡的大熊猫，大部分仅因一般性消化道和呼吸道疾病而引起死亡，部分甚至连死因都无法查明[②]。这些大熊猫的饲养历史记录无一不在提示着一个严酷的事实：比起其他珍稀野生动物，大熊猫更难饲养，更易生病，且生病后更难医治，更易死亡。很显然，北京动物园饲养大熊猫的工作还未开展，就已经有一道道艰险摆在眼前了。

那个时候，北京动物园十分渴望得到欧美国家饲养大熊猫的相关资料，16只大熊猫在国外的生存期无论是长还是短，其饲养过程和死亡后的解剖记录等资料，都可以为北京动物园饲养大熊猫提供非常有益的参考经验。遗憾的是，20 世纪 50—60 年代，西方国家对新中国采取了严厉封锁的政策，根本不可能就大熊猫饲养技术开展交流。动物园的老兽医郑锦璋先生追忆道："那个时代，国内别说大熊猫的资料是一片空白，就是其他野生动物的相关参考资料也非常稀少；苏联等友好国家对珍稀兽类的研究水平十分有限，更别提在饲养大熊猫上给予帮助了。"不用说，北京动物园不得不"赤手空拳"地步入饲养大熊猫这个"蛮荒"之地了。

① 胡锦矗，2008. 大熊猫历史文化 [M]. 北京：中国科学文化出版社 .
② 胡锦矗，2008. 大熊猫历史文化 [M]. 北京：中国科学文化出版社 .

白淑敏（1977年）

二、蹒跚学步，且行且远

在北京动物园里，大概没有谁能比得上第一批饲养和研究大熊猫工作人员的压力大了，然而，他们自始至终都没有表现出畏难情绪。北京动物园最早饲养大熊猫的白淑敏师傅回想起往事时说："我们从看见大熊猫那一刻起，就有了一定要养活养好大熊猫的劲头。"工作人员的自信表现非常像人类的母亲，第一眼看到自己的"宝宝"，就建立起什么艰辛都能承受的强大信念。当然，这里不得不说大熊猫太能"征服"人心了，略带喜感的大圆脑袋，亲近友善的目光，欢快摆动的身躯……更何况眼下空降到北京动物园的3只大熊猫还是未过哺乳期的幼仔，一下子就让所有的工作人员对它们产生了怜爱之心。难怪美国动物学家乔治·夏勒在他的专著中称大熊猫是"神化奇兽"呢，"它能唤醒人类的慈悲心，赢得所有人的怜爱，想要拥抱它，保护它。"[①]

因为没有任何有关大熊猫的参考资料，北京动物园对眼前3只幼年大熊猫的认知，全凭它们随身携带的"履历表"，但所谓的"履历表"只有寥寥几行字："捕获地和日期，雌或雄（猜测），1954年9月出生"。20世纪50—60年代，大熊猫栖息地的猎人和动物学界仅知道大熊猫是"春季发情，秋季产仔"，所以只能推测3只大熊猫大致的出生时间。依据"履历表"记载，工作人员猜测3只幼年大熊猫进园时的年龄大约为9月龄。

动物园的工作人员首先给3只大熊猫幼仔做了常规性的体检。那只记录为雄性的幼仔个头较大，体重有13 600克（相当于现在人工饲养下6月龄幼仔的体重），为纪念它的捕获地"宝兴县和平乡"，工作人员为它取名"平平"。其余2只记录为雌性的幼仔，分别为其起名"姬姬"和"兴兴"，但它们的体重均不足9 000克（仅相当于现在人工饲养下5月龄幼仔的体重）。在那个年代，北京动物园还不了解大熊猫幼仔1岁内的体重雌雄差异不明显的特点，根据眼前3只大熊猫幼仔的情况，以为大熊猫幼体在生长初期便出现了雌雄差别，直到多年后园内繁殖了大熊猫，这个认识上的偏差才得以纠正。不过，眼下大家看着新来的大熊猫，总觉得雌性幼仔的体质比较弱，尤其在兽医郑锦璋看来，其中一只幼仔的状态是"病病殃殃"的，他甚至怀疑2只雌性幼仔记录的月龄与实际不符，因为与大个头"平平"相比，它们甚至连第一对切齿都没长齐。

---

① [美] 乔治·夏勒，1998. 最后的熊猫 [M]. 北京：光明日报出版社.

接下来最紧要的是给 3 只小家伙解决食物问题。技术员们很清楚，同样是大型哺乳动物，幼仔的哺乳期时间却相差甚远，大熊猫的哺乳期到底有多长，没人知道，前期赴四川实地考察的，仅是成年大熊猫的生态习性，据此并不能推断幼体的食物结构。为了应急，技术员只能参照熊科动物幼体的生理特点，配制大熊猫幼仔最初的食物。同时，技术人员一方面抓紧收集资料，分析各种大型哺乳动物幼仔的营养需求及消化特性，一方面通过观察分析大熊猫幼仔实际的食物消化吸收情况，期待尽早为大熊猫幼仔配制出适合的食物。

动物园的人都知道，要想喂养好野生动物，除了要了解它们的生态习性外，还必须掌握它们的生物学特征，这样才能确定饲料供给的类型和数量。然而，国内不仅没有任何大熊猫消化系统方面的资料，甚至连大熊猫分类定位也无从知晓。大熊猫形态似熊，但它们的食性却与其他熊类迥然不同，说明大熊猫的营养消化和吸收机制十分独特，可眼下，工作人员却完全不知道二者消化系统的差异在哪里。这种情况下，工作人员如同"盲人摸象"，除了一点点摸索着喂养这 3 只大熊猫幼仔外，别无他途。

别看工作人员一开始对喂养好大熊猫充满信心，但真到实际饲养时，大家心里还是惴惴不安。根据资料，大多大型哺乳动物幼仔在半岁前后便开始进入食物转换期，食物逐步由流质向半流质和固体过渡，幼仔开始学习自主取食，而这一时期，幼仔的消化道功能还未发育完全，人工饲养稍有不当就易引发消化不良问题，严重的话将直接影响到幼仔日后的健康和成长。工作人员十分清楚，眼下喂养大熊猫就像"盲人过河"，步步都是险棋，每一步都会关系到大熊猫幼仔的生命安全。

一开始，工作人员尝试着给幼仔喂些牛奶、米粥、鸡蛋、蜂蜜，之后一点点地增加喂食量。经过一段时间的观察未见异常后，又添加了混合面加工的窝头。几个月过去了，3 只大熊猫幼仔中，体质较好的 2 只不仅没有出现消化道的问题，而且个个健康活泼，体重一路上涨。北京动物园第一批饲养大熊猫的白淑敏师傅回忆起那段往事时说："既然国内没有大熊猫的资料，既然国内没有成功饲养大熊猫的历史，既然我们只能靠自己一点点摸索着喂养，那就得下大功夫细心观察，每个情况都得认真总结，做到处处精细。那时候，我每天喂完大熊猫、打扫完圈舍后，其余时间全用来观察大熊猫，特别是每增加一种饲料，每改变一点饲料，我们都会仔细观察每只幼仔进食后的反应，注意幼仔的精神、活动、粪便有无异常，一点点记录下来。观察发现，3 只大熊猫幼仔对新添加饲料的反应是不同的，时常会出现这只不爱吃那个、那只不爱吃这个的现象，对食欲欠佳的幼仔，我们专门采取了少食多餐、调换饲喂方法和饲料饲喂顺序的方法来确保它们的营养需求。根据大熊猫幼仔对不同饲料的进食、消化状况，以及日常活动、粪便和体重的变化，我们会反复对喂什么饲料和配比进行讨论，然后再进一步调整饲料配方。经过一段时间积累，我们总结出了一套饲养管理的操作办法，例如每日对大熊猫料盆和圈舍进行严格消毒等。正是我们在每个细小环节上都能做到精细，使得饲养中的许多问题在出现苗头的第一时间被发现，并尽快得到解决或改进，因此，我们能够比较顺利地度过大熊猫最初的饲养阶段。"[1]

不过，初战告捷并未让工作人员感到轻松，他们一直在为那只叫"兴兴"、一来就"病病殃殃"的大熊猫幼仔牵肠挂肚。"兴兴"来到北京动物园后状态一直欠佳，无论工作人员怎么调配饲料，还是三天两头地腹泻，而且精神头也远不及"平平"和"姬姬"。兽医试用了几种方法给它治疗，结果却收效极微，总不能达到彻底治愈。工作人员几番讨论研究也不得其解："是什么原因导致大熊猫幼仔腹泻？大熊猫消化道疾病怎么这么难以治愈？……"

体弱大熊猫幼仔的状况不仅一直让工作人员揪着心，还时时提醒他们万事不能掉以轻心。因此，在接下来的喂养中，工作人员更加细心地观察大熊猫日常活动和进食情况，也未间断过对饲料配方的摸索和调整。几年喂养下，工作人员总结归纳出了适宜大熊猫幼仔食物转化期和各个生长发育期的基本饲料配方，提高了大熊猫生长期营养供给水平，还为国内其他动物园开展大熊猫饲养提供了宝贵经验。

在这套饲料配方中，除了有与体重匹配的奶、糖（或蜂蜜）、鸡蛋、米粉等提供蛋白质和能量的食物外，还添加了适量的维生素片、骨粉、橘子汁（后改为水果）、竹类等提供维生素、粗纤维、矿物质的食物。大熊猫幼仔1周岁以后，饲料中减掉了一部分糖，加大了鲜竹叶的投放量，还适时加些肉末作为蛋白质的补充。[2]说起饲料中添加肉末，是因为在野外考察时发现大熊猫粪便中有骨头渣子，考察人也很奇怪，大熊猫除了吃竹子，还吃肉？

对所有动物园来说，饲养好野生动物的重要目标之一是实现动物繁殖。北京动物园认识到要想顺利繁殖野生动物，首先必须做到科学喂养。为此，1956年4月，动物园专门成立了针对大熊猫、金丝猴、黑天鹅、丹顶鹤等珍稀野生动物繁殖研究的科研小组，开启了"饲养＋科研"的管理和发展模式，将饲养过程中积累的问题和方法逐一总结，并进行理论层次的剖析，以期引导饲养工作科学化，达到动物繁殖的目标。

① 白淑敏访谈记录。
② 北京动物园档案资料。

三、躬行查疑，知深补缺

无疑，北京动物园饲养大熊猫开始阶段的最大难点，是当时动物学界还没有获得对大熊猫的科学认知，因此要想饲养好这个物种，只能在不断的观察中去一点点地悟，并且通过反复操作调整，纠正错误观点和获得正确判断的方法。可以说，北京动物园饲养大熊猫的过程，不仅是摸索饲养方法、积累饲养经验的过程，更是不断了解和认知这一奇特物种的过程。然而，"那个时期的饲养条件实在太差了，弄清一个问题都要几经认识—再认识反反复复的过程，即使有些问题弄明白了，但要解决起来却困难重重。"① 不用说，北京动物园对大熊猫的每一点认知必定伴随着艰辛和曲折。

工作人员对大熊猫的许多认知是从质疑开始的，较早让工作人员产生疑问的，是当时动物学界普遍认为的大熊猫"不怕冷"观点。20 世纪 50 年代，国内的科研机构还没有条件对大熊猫的生境、习性、种群等情况进行系统的科学考察，对大熊猫生态习性的了解主要依据野外的直观感受。人们在野外观察到，栖息在较高海拔、以竹为生的大熊猫与其他熊类不同，它们从不冬眠，寒冬中照样在积雪覆盖的山林中寻找竹子等食物吃。由此人们断定，大熊猫冬季能够获得足够的食物是依仗着厚实的被毛，它们是不惧严寒的物种。

然而，进驻北京动物园的 3 只大熊猫幼仔，在北京度过的第一个冬天，就出现了令大家意想不到的情况。入冬后，只要赶上大风寒流来袭，3 只大熊猫来到户外就会蜷缩在背风角落"睡起大觉来"，明显失去了往日的活泼状态。起初，饲养员以为大熊猫的身体出现了不适，但经兽医反复检查并无问题。这时，大家开始怀疑是否与气温骤降有关。进一步观察发现，即便在室内，大熊猫幼仔同样爱倚着墙蜷卧不动。见此情景，大家质疑大熊猫"真的不怕寒冷"？大熊猫是否只是不适应北京冬天的干冷，而能承受栖息地冬季的湿冷呢？此外，和成年大熊猫相比，是否大熊猫幼仔更"不禁冻"呢？……要弄清这些问题，必须先知道大熊猫栖息地的气候情况，对比找到适合大熊猫生存的环境依据。

技术人员查阅资料，将四川大熊猫栖息地的气候环境条件与北京的环境条件进行了认真比较。对比发现，四川大熊猫出没的地方虽然海拔较高，气温较低，但地处亚热带湿润气候带，和北京暖温带大陆性季风气候相比，不仅无霜期长，年温差和日温差比较小，而且野生栖息地 1 月份的平均温度比北京要高 10℃以上。还有，大熊猫栖息在山坡起伏密集的原始阔叶林带，那里不仅有许多天然树洞、山洞供大熊猫遮风避寒，而且山地林区的小气候也不易出现

---

① 白淑敏访谈记录。

1956年国内第一个熊猫馆

极端低温的天气。这些情况和数据足以让技术员确信，大熊猫绝非像东北虎那样是不惧严寒的物种。[1]虽然1956年动物园修建了国内第一个大熊猫馆，满足了大熊猫饲养、展示和安全等基本要求，但是对大熊猫生活环境的真实要求仍不清楚，设施上更达不到。

我国科学家从20世纪60年代中期开始，对野外大熊猫进行了30余年的科学观察[2]，观察发现"大熊猫是喜温湿环境的物种"[3]。大熊猫这一物种属性在著名动物学家潘文石先生的观察专著《漫长的路：1980—1997在大熊猫中间》中，得到了详细的描述："来到海拔2800米的一片地势比较平坦的山坳里，那里的小气候相对暖和些，由于地热的作用，终年不冻的地下水在这里冒出地面，竹林里到处流淌着涓涓细流，新落下的雪也很快融化了。即使在严冬里，竹子也因为得到水的滋养而保持着青葱，使这个小小的山坳成为大熊猫优良的栖居地。"

虽然，考察资料显示大熊猫不太适应过低的气温，但要确定大熊猫在北京生活适宜的环境和温度，还需要不断地实践、观察和总结。经过几年不间断地观察记录，工作人员终于总结出适合圈养大熊猫生活的环境数据：在干燥的北方饲养大熊猫，控制好室内的温度和湿度十分重要，不论冬夏，室内湿度要尽量保持在60%左右；冬季室温维持在5~15℃为宜，最高不宜超过25℃。[4]

虽然工作人员总结了圈养大熊猫适宜的室内环境条件，但要满足这个条件却花费了很大的气力。那时，北京动物园没有暖气，因此，在怕冷的野生动物圈舍里，要烧特大号的煤炉子才能达到适宜的室温，大熊猫的圈舍自然也不例外。老饲养员白淑敏师傅追忆道："为了给大熊猫保温，也要给大熊猫烧大炉子。要烧那个大火炉，我们必须早来晚走，既担心半夜里煤炭断火冻着大熊猫，又担心管理不好发生煤气中毒。那个大火炉我一直烧到1983年退休。后来动物园有条件改建了兽舍，还安装了暖气，饲养员再也不用像我们那样整天为动物的冷暖操心费力了。"

保暖问题解决了，另一个问题又来了。北京的高温季节来了，大熊猫一个

漫漫求索路 殷殷国宝情
——北京动物园大熊猫易地保护研究纪实

---

① 北京动物园档案资料。
② 胡锦矗，2001.大熊猫研究 [M].上海：上海科技教育出版社.
③ 胡锦矗，2016.大熊猫传奇 [M].北京：科学出版社.
④ 北京动物园档案资料。

个都变得懒洋洋的，气温刚到 25℃它们就开始喘粗气，张开四肢，肚皮贴在地面趴着，后来温度上升到 35℃，有时甚至更高，大熊猫完全没了精神，呼吸每分钟达到了 100 多次！大熊猫刚来时，工作人员都听说了大熊猫怕热，谁想高温竟然还能把它们热趴下。这可怎么办？见此情景，饲养员和兽医都紧张起来，"无论如何得想法给大熊猫降温，不然中暑了就糟了。"给大熊猫降温？谈何容易！那个年代，人们只知道扇扇子降温，也听说过条件好的单位有电风扇，可眼下整个动物园都没有一台电风扇，拿什么去给大熊猫降温？有人开玩笑地说："听说早先皇上为防暑都在宫里码放大冰块，要不咱们让大熊猫也当回皇上？"谁知工作人员的一句玩笑话，让时任园领导愁眉舒展起来，立刻派人去给大熊猫拉冰块。

毫无疑问，用冰块给大熊猫降温绝非易事。要知道，直至 20 世纪 60 年代末，全北京市仅有 1 个民用冰窖，冰窖设在颐和园附近，里面储存着冬季从颐和园昆明湖里切割出来的自然冰块，夏季专供重要机构和食品商店降温、保鲜用。根据园领导要求，工作人员马上联系购买冰块，可冰库的工作人员听说要用冰块给动物降温，说没有听说过，也没有那么多冰块！经过强调是给国宝大熊猫降温用才同意，最终将大量的冰块从冰窖运到动物园。经技术员测试，必须整间屋子堆满冰块，室温才能达到适宜大熊猫生活的 25℃，每天需要 10 多块冰。[①] 拉冰块是个十分劳累的工作，那个年代，装运工作还全部靠人力，工作人员必须把百十千克重的大冰块从冰窖坑里拖上地面，然后扛到卡车上；为了让冰块少受化冻的损失，每次拉冰工作人员都要赶在天亮前凉快的时候去。可见，当时为给大熊猫降温，工作人员要付出多么繁重的体力劳动啊！然而，即使是那样艰苦的工作条件，十几年间大熊猫降温用的冰块也从未断供过。后来，在熊猫馆增加了冷气，酷暑的日子才开始好过起来。今日的我们不得不感叹，那才是真正的主人翁精神啊！

随着 3 只大熊猫幼仔逐渐长大，新的问题接踵而来。亚成体的大熊猫食竹能力越来越强，3 只大熊猫正值快速生长期，要以竹叶为主要食物，可是一看粪便很清楚，大熊猫根本消化不掉那些竹子。技术员化验还发现，竹子的营养价值很低，那怎么能保障它们的营养需求呢？工作人员的担心是有道理的，有些工作人员甚至怀疑，野外的大熊猫是否要靠竹子以外的食物补充能量？为了避免大熊猫因蛋白质等物质摄入不足出现营养不良，工作人员在 3 只大熊猫的食谱中增加了约 50% 的精饲料。谁知，在接下来的一段时间里，3 只大熊猫陆续出现了食欲下降、精神不振等现象，更奇怪的是，原来身体强壮的 2 只大熊猫的粪便中，时而还掺杂着许多黏液！这又是什么情况？工作人员都紧张起来。兽医经过一番分析认为，既然黏液是随着粪便排出的，就有可能与消化问

第一章
踏入大熊猫饲养的蛮荒之地

---

① 白淑敏访谈记录。

题有关。兽医采取了治疗消化不良的措施后，果然，2只大熊猫的症状逐步改观。[1] 问题的焦点一下子集中到饲料的配比上，大家开始认识到，亚成体大熊猫的胃肠机能已经发生了变化，不再能耐受过多的精饲料了。认识到这个问题后，工作人员首先大幅度减少了牛奶和其他精饲料的供给量，加大了竹叶的投喂，并且尽量保持竹叶的新鲜度，保障营养物质供给。调整饲料配方后，2只体壮的大熊猫渐渐恢复了食欲和往日的活力，原本体弱、爱腹泻的"兴兴"也没有出现进一步转差的状况。[2]

此次饲料调整引发的大熊猫消化不良，再次提醒了技术员，幼年大熊猫的消化机制不同于其他动物；同时也告诫工作人员，既然饲养大熊猫是件破天荒的大事，既然对大熊猫的认知尚且模糊不清，那么饲养大熊猫就必定是风险系数极高的工作，任何一个错误判断都可能产生不良后果，甚至会造成灾难性的损失。因此，能认真及时地从失败中汲取教训，就变得尤为重要了。

虽然北京动物园的工作人员还没办法弄清大熊猫消化道的结构和消化机制，但并没有影响工作人员继续摸索保障大熊猫营养供给方法的信心。老饲养员回忆到："我们根据大熊猫靠竹子汲取大部分营养的特征去想办法，试着通过增加它们取食竹子的时间来保障它们的营养需求。"为此，北京动物园开启了夜间为大熊猫增喂竹子的饲养模式。[3]

大家恐怕无法理解，大熊猫完全可以在需要时独自采食，想吃多少就给多少，哪里需要夜间安排专人投喂？产生这样的疑问并不奇怪，因为现在的人们无法知道那个年代北京动物园解决竹饲料问题有多难，每根竹子都是宝贝。大熊猫食竹量快速增加，弄得工作人员措手不及，因为他们这时才知道"原来不仅仅是竹子供给量的问题，还有大熊猫并不是什么竹子都爱吃的问题，大熊猫对竹子的种类、新鲜程度都十分挑剔"。更何况在北方，竹子的种类本来就不多，能让大熊猫接受的竹子不过几种，还得是近年生长的新竹子。一时间北京动物园出现了竹饲料供不应求的现象。为了满足大熊猫的进食需要，动物园每天都要派人到各处去寻找大熊猫爱吃的竹子。作为长久之计，还派人赶赴南方购买适宜的竹苗运回园内栽种。说起种竹子，在北京种竹子可不是容易的事，要选择大熊猫喜欢吃的竹种，选择适宜的土地，有充足的水源，能够及时管理，等等。首先在动物园内（那时动物园的面积大，首都体育馆、新世纪饭店等地都是动物园的一部分）和北京市周边寻找合适的地方。经过几年的努力，种植竹子还是没有满足需求，虽然能够补充一些，但是不能完全供应，尤其是到了冬季，天气寒冷，北方的竹子无法过冬，竹子还是无法满足大熊猫的食用

① 北京动物园档案资料。

② 北京动物园档案资料。

③ 北京动物园，1998.北京动物园文集 [G].北京：中国农业大学出版社．

需要。无奈之下，工作人员只得在投喂方法上想办法，如采取保留竹竿、采集竹叶的方法去应对；一日多餐，少量多次，等等。因此，加夜餐就成了十分必要的事了。这种情况一直延续了很多年。现在，夜间加喂的方式还在用。

转眼间，3 只大熊猫在北京动物园平安地度过 2 个春秋，它们体重分别长到 50 千克上下，其中原本体壮的 2 只大熊猫更是圆圆滚滚的，精力十分旺盛。就在这时，中央政府决定赠送莫斯科动物园 1 只大熊猫。听到这个消息，大家非常不舍得，可是这是政治任务，

抱竹子的白淑敏

来不得半点懈怠。根据要求，北京动物园挑选了 3 只大熊猫中体格最健壮的雄性"平平"作为我国首个友好使者（后来为了给"平平"找伴侣，北京动物园又将 1958 年进园的大熊猫"安安"送抵莫斯科动物园）。[1] 也就是从那时起，北京动物园便成为我国以大熊猫为依托的外交窗口。

北京动物园老一代技术人员刘维新先生追忆到："那个年代，不光赠送给其他国家的大熊猫要经由北京动物园，就连输送到全国各城市动物园的大熊猫也要经由北京动物园。由于北京动物园饲养大熊猫的技术日渐成熟，经由北京动物园输送大熊猫：一方面，大熊猫可以先在北京饲养一段时间，适应人工饲养环境；另一方面，接受单位可以先派人在北京学习饲养技术，最大限度地确保了各地饲养大熊猫的安全和健康。"老饲养员白淑敏师傅也有同感："那个时候我们不光要接待前来参观的外宾，还要接待一批又一批外省市动物园来学习饲养大熊猫的同行。"

相对西方国家，我国对野生动物的认知与保护都起步得较晚，1959 年中央政府为加强对大熊猫等珍稀野生动物的保护，制定了"限制珍贵动物出口条例"的法案，杜绝外国人以猎奇获利为目的、大肆盗猎大熊猫等珍稀动物出国的行径。因此，1958 年奥地利动物商海尼·德默用数只非洲珍稀野生动物和北京动物园交换的大熊猫"姬姬"，是最后一只被当作商品走出国门的大熊猫。[2]

那时候，虽然北京动物园饲养大熊猫的经验最丰富，但在饲养过程中，各类问题还是层出不穷，就连最基本的大熊猫消化系统问题，照样反复出现相同

[1] 北京动物园档案资料。
[2] 北京动物园档案资料。

刘维新

的病症。更让技术员理解不了的是，遇到的各种现象的背后，还存在着更多不解的谜团，例如：大熊猫的消化系统不能耐受较多的精饲料，那么在野外，它们如何靠营养成分很低的竹子生存？大熊猫虽然以竹子为主食，为什么消化竹子的时间却比其他食草动物短？大熊猫牙齿形态与食肉动物十分相近，但食性却截然不同，这又说明了什么？……如此接连不断出现的问题时常影响甚至捆住了工作人员的手脚。

大家很着急，怎样才能揭开这一串串的不解之谜？这些问题都牵扯到大熊猫解剖学等基础生物学知识。可是，20世纪50年代，北京动物园哪有专门的人才和设备条件啊！国内连搞家畜解剖学研究的人都凤毛麟角，即便有了大熊猫的标本，也没有足够的能力和条件进行系统的解剖学研究。不用说，对当时的北京动物园来说，要进行大熊猫解剖和生物学研究简直难如登天。

就在此时，北京动物园的顾问、国内家畜解剖学专家、北京农业大学的张鹤宇教授果敢地提出了开展大熊猫组织形态学研究的设想，并且与动物园联合，积极地做着科研的准备工作。在那样的条件下，张鹤宇教授的倡导无疑极大地提升了北京动物园走进研究大熊猫"洪荒"之地的信心和热情。即便在今日，大家回忆起此事，也无不敬佩老一代科学家的历史责任感和远见卓识。

在张鹤宇教授倡议的鼓舞和引导下，北京动物园开展了圈养大熊猫研究的规划工作，将弄清大熊猫生长发育与生物学特征、食性与营养消化代谢机制，以及提高饲养管理、繁殖、疾病防治能力等作为动物园研究事业的主要目标。同时，加强培养园内技术骨干的工作也同步展开。

16

小资料

早在20世纪50年代，张鹤宇和他的同事一起先后开展了对大熊猫的解剖学研究，在《动物学报》先后发表了《大猫熊消化器官的解剖》《大猫熊颅骨外形及牙齿的比较解剖》，为大熊猫的分类学及生理学研究提供了可靠的形态学基础资料，具有重要的学术价值。张鹤宇在去世前几年，曾多次向北京动物园呼吁，收集大熊猫材料，由我国解剖学工作者对其进行解剖学的系统研究。由于种种原因，直至先生1975年逝世，也未能实现这一夙愿。

第二章

点亮大熊猫繁殖的
希望之火

1960 年北京动物园科学技术委员会

一、另辟蹊径，涸鱼得水

　　从 20 世纪 50 年代末至"文化大革命"结束的近 20 年的时间里，国民经济遭到重创，人民疾苦。那一时期，北京动物园各项事业的发展也受到很大影响。首先，受 20 世纪 60 年代初三年困难时期的影响，园内的基础建设基本停滞，整个 60 年代仅新建了 1 座海狮馆和改建了 1 处鸟舍；在其后的"文化大革命"期间，园内大部分科技人员受到冲击，科研工作受到阻滞，国际动物园之间的联系完全中断，国内动物园之间的动物交流也大幅减少。①无疑，在那样一个时期，大熊猫的饲养和研究同样受到极大的影响。

　　1960 年春，一向体弱多病的大熊猫"兴兴"病亡了。这件事对工作人员

---

① 北京动物园档案资料。

的打击很大，5年来，为了让"兴兴"早日康复，饲养员想尽了办法调理食物，兽医也用尽了各种治疗手段，可不知为什么，"兴兴"的身体状况就是不见好转，反复腹泻的致病原因始终没有查明。

大熊猫"兴兴"死亡后，兽医们给"兴兴"做了病理解剖。这是北京动物园乃至全国的第一例大熊猫的组织解剖，也是科研人员期盼已久的弄清大熊猫生理特征的第一次机会。可是，当真正的科研机会摆在面前时，解剖现场的气氛却异常凝重。这一难得的机会，是高昂的代价换来的。

"兴兴"的病理解剖结果令工作人员大为震惊，它的肠道里积满了蛔虫！多年来，大家第一次在野生动物肠道内看到这么多寄生虫。虽然还无法确定"兴兴"的致病主因就是寄生虫，却让兽医们第一次了解到，原来大熊猫的消化道同样易受寄生虫的感染。郑锦璋先生回忆，"令大家迷惑不解的是野外的大熊猫从来都是独来独往的，食用的竹子也接触不到带病原虫的粪便，怎么会有机会感染蛔虫？动物园里还没有什么动物有严重感染蛔虫的病例。"[1]大熊猫这一病理之谜让兽医们感受到：解剖工作看似是探索大熊猫秘密的金钥匙，实际上仅仅是打开迷宫的第一道门，要想透彻了解大熊猫的生物学特征，还必须结合野外观察等其他领域的研究成果。此外，通过解剖，虽然可以了解大熊猫消化和呼吸系统等的解剖特征，但还是不能准确判断其致病的原因，只有全面了解大熊猫血液、内分泌、神经、免疫等诸多系统的形态结构特点，才能进一步弄清各个系统的机制和相互作用。技术员们很清楚，全方位地了解大熊猫，要涉及多个学科领域，需要各方面的研究仪器及研究人员，仅凭北京动物园有限的技术力量和1台显微镜的简陋条件[2]，是不可能实现那样的研究目标的。令人鼓舞的是，就在1960年，北京市政府的相关管理部门协调和整合了社会力量，组建起由67名专家组成的北京动物园科学技术委员会，由著名动物学家、中国近现代生物学的主要奠基人秉志院士（第19页图中第1排左起第6位）担任主任，北京动物园郑锦璋（第19页图中最后排右起第7位）等21名技术员参加。该委员会的工作任务就是通过专家组的协同作战，解决北京动物园野生动物饲养管理、疾病防治中的难题，并推进珍稀野生动物的繁殖工作。[3]不用说，"北京动物园科学技术委员会"的成立，让北京动物园看到了摆脱自身条件束缚的曙光。

大熊猫"兴兴"不幸病亡了，但对它的研究提升了北京动物园大熊猫饲养管理水平，特别在防治寄生虫感染方面取得了显著的进步。"除了搞好卫生防疫外，还制定了隔离检疫制度，对引进的大熊猫逐个采取严格的隔离驱虫预

---

① 郑锦璋访谈记录。
② 郑锦璋访谈记录。
③ 北京动物园档案资料。

防。"[1] 这些防治措施的效果十分明显，20 世纪 60 年代中后期以来，"北京动物园的大熊猫很多年都没有再发生蛔虫感染，以至于后来有些年轻兽医都不知道大熊猫还感染蛔虫。直到 2003 年再次开展了动物园间的大熊猫交换后，北京动物园的大熊猫才又出现了蛔虫感染，不过由于园内控制措施得当，蛔虫感染并不严重，没有发展成寄生虫病。"[2]

1959—1963 年，北京动物园先后引进了 7 只大熊猫，但那正是国家经济和园内预算最困难的时期，连饲料供给都出现了问题，尤其是大熊猫的竹饲料，三天两头地断供。[3] 前期，在大熊猫数量不多、年龄不大的时候，北京动物园尚可靠"节衣缩食"来保障竹饲料供应，而随着陆续引进大熊猫数量增加，原本供应紧张的竹饲料一下子成了奇缺之物。几年饲养大熊猫的经验告诉工作人员，若没有足够的竹饲料供给，大熊猫的消化系统就会出问题。因此，眼看着大熊猫无竹可食，园内上下都心如火焚。

园内种植竹饲料这条路已经行不通了，北京范围内可利用的竹资源就那么多。紧急时刻，国家调拨了稀缺的铁路运输资源，北京动物园也动用了捉襟见肘的预算，开始每周 1 次从四川运来鲜竹。然而，投入那样大的财力、物力，还是不能从根本上解决竹饲料问题，和大熊猫的食用需求量相比，运来的竹子远远不够。并且，那时候铁路、公路运输还没有低温保鲜设施，从砍竹子到运至北京，一次运输至少需要 40 多小时，大约 2 天甚至更长时间。竹子刚运到时，大熊猫还挺爱吃，但过 2 天竹子就不新鲜了，大熊猫也就不吃了。若是夏天，没有冷藏条件，运输来的竹子质量就更难保障。直到 1982 年，为缩短竹子运程，动物园组织人员到北京周边省区调查竹子产地，听说河南焦作一个生产队在制作竹器具，当地有大片的竹子地，园领导安排交换科的李壮民、饲养队副队长孙应祥、杂一班班长程万祥等人到河南焦作地区察看。经过实地察看，发现那里主要是早园竹，竹源地的大小、环境、砍伐、运输等条件都很好，选择几种竹子给动物试吃，效果不错。在当时的条件下，河南焦作地区是距离北京最近、可以用火车运输、运输有保障、竹源有保障、竹子质量可靠的竹子供应地。最后园领导研究决定改从河南焦作运送竹子，这样每次运输至少可以节省 1 天的运输时间，同时购买竹子的费用也便宜了不少。即便如此，夏天一来，所有的努力又都大打折扣了。夏天的车厢太闷热，竹子刚运到就已经发黄了，稍一抖落，竹叶全掉了，还散发着难闻的气味，这下子，大熊猫干脆一口都不吃了。[4]

---

① 北京动物园，1998.北京动物园文集 [G].北京：中国农业大学出版社.
② 张成林访谈记录。
③ 北京动物园档案资料。
④ 白淑敏访谈记录。

那真是备受煎熬的日子，白淑敏师傅至今回想起来都痛心不已。"那些年大熊猫吃不到竹子，饥不择食，便随意采食运动场的植物。记得有一年的春天，大熊猫啃食了刚刚从地里长出的槐树嫩芽，结果发生了食物中毒。那些情景想想都让人心碎！"大熊猫的意外中毒急坏了时任园领导，他立刻紧急动员攻克饲料难关。

也许因为经历过饥荒年代，人们根据自己的生活经验，很容易联想到寻找抗饥饿的替代食物，不少工作人员提议："既然大熊猫吃竹子，何不试试去找能代替竹子的青饲料？"让大熊猫吃食草动物的饲料，这可是大熊猫饲养史上从未有过的情况，首先如何判断哪些青粗饲料适合大熊猫就成了大问题。工作人员经过一番讨论后，认为营养价值相对较高的青刈苏丹草、青玉米秆、鲜芦苇等都可以试用，当即将青刈稻草拿来让大熊猫试吃。①

工作人员发现，试喂的几种青饲料中，青玉米秆更易被多数大熊猫接受，但北京地区种植的玉米少，可利用的青玉米秆不多，且出产时间很短；相比之下芦苇分布得广，生长时间也长，但是芦苇的适口性不如玉米秆。后来，鲜芦苇成为那些年北京动物园饲喂大熊猫的主要替代青饲料。

恐怕这是大熊猫自进化出食竹习性以来第一次被迫改变食谱，其难以接受程度可想而知。在试吃的最初阶段，大熊猫几乎完全拒食替代青饲料。老饲养员白淑敏师傅回忆道："芦苇虽然新鲜，可那不是大熊猫的食物，它们离老远就知道我们拿来的不是竹叶，根本不过来吃，就在圈舍里来回踱步。我们听着大熊猫乞求要吃竹叶的叫声，心里难受极了，可是为了它们不挨饿，我们必须狠下心来训练它们接受芦苇。起初，我们试着把苇子剪碎拌在奶里、粥里喂给它们，随着喝粥能带进一些芦苇叶，但吃进去的太少了，那毕竟不是长久之计，还得叫大熊猫能主动吃苇子才行。于是，我们另想了办法，将苇叶卷在竹叶里递给大熊猫，大熊猫大概饿坏了就勉强吃了。之后，我们逐渐增大苇叶的量递给大熊猫。这种训练持续了好些日子，它们才主动进食苇子。"

实际上，让大熊猫习惯食用替代竹子的青饲料的过程，远比老饲养员讲述的还要难。大熊猫的个体差异很大，对新饲料的接受程度必然不一样。当年的技术员叶掬群在她的工作总结中写道："训练大熊猫食用新饲料的效果差别很大，有的大熊猫三两天就能适应新饲料，有的则用了很长时间才逐步适应，还有的甚至始终难以适应。相比之下，食欲旺盛的公兽往往接受新饲料快一些，而细嚼慢咽、爱挑食的母兽则需要用较长时间去适应。"

与训练大熊猫习惯食用替代青饲料相比，采集青饲料的工作也是难以想象

漫漫求索路 殷殷国宝情
——北京动物园大熊猫易地保护研究纪实

① 北京动物园档案；北京动物园，1998. 北京动物园文集 [G]. 北京：中国农业大学出版社.

的艰辛。老饲养员白淑敏师傅说："大熊猫能吃苇子后，我们每天工作时间的安排就显得特别紧，做完清扫工作后，给大熊猫做好饲料，喂完饲料后，就得赶紧骑上自行车去玉渊潭公园打芦苇。那时候没有专门的人员送饲料，都是饲养员自己解决。逐渐把动物园附近的苇子都打光了，就得到更远的地方打，甚至要去颐和园那边打，去一趟颐和园来回十几千米远，都是土路，不算打竹子的时间，光骑自行车往返就需要 2~3 小时。打苇子的工作看着简单，但也需要细心，不能什么苇子都打，要找干净、没有污染的地方，得打上部嫩叶、大熊猫爱吃的那部分。我每次出

叶掬群工作照（1977 年）

去至少要打 100 多斤（斤为我国非法定计量单位，1 斤 =500 克。——编者注）苇子，才勉强喂得过来。不过，话说回来，再多打不仅时间不够用，而且用自行车也驮不回来。打苇子最困难的是在三伏天，苇子都长在水里或水边，苇子长得密、不透气，每次去打都大汗淋漓的，浑身上下衣服全湿透了，加上夏天穿得少，苇子叶像刀片一样，胳膊常常被苇子划出血印子。就这样，我断断续续打了将近 20 年的苇子，一直干到 1981 年离开工作岗位（1983 年退休）。"

　　虽然，替代青饲料缓解了大熊猫夏秋季青饲料严重短缺的问题，但到了冬季和初春，所有青饲料的来源还是彻底断了。那真是"难倒巧妇"的季节，大家都积极想别的替代食物，饲养员想到市场上卖的甘蔗，纤维多又甜，就购入甘蔗代替竹子试喂，效果很好，所有的熊猫都喜欢吃。但是，因为那时没有保鲜条件，甘蔗从南方产地运到北京后，一些甘蔗已发生了霉变，到了早春霉变的比例更高。饲喂前，饲养员要把霉变的部分去除掉，大大增加了饲料损耗，而且不小心吃了还易导致中毒，对大熊猫的健康有害。有一次甘蔗裂口霉变延伸到深处，饲养员没有看到，没有清除干净，大熊猫就因食用了变质的甘蔗，真的发生了食物中毒。[①]为避免再次发生悲剧，工作人员开始尝试着用胡萝卜替代部分冬季青粗饲料，可是胡萝卜的口感不如甘蔗甜，大熊猫不喜欢吃。因此，饲喂时就注意先后顺序，先给胡萝卜，后给甘蔗，最后取得了较好的效果，大熊猫从此出现消化不良或腹泻现象少多了。[②]

　　这种完全用其他青饲料替代竹子的被动饲养法，一直持续到 1966 年之后，

23

第二章
点亮大熊猫繁殖的希望之火

① 北京动物园，1998. 北京动物园文集 [G]. 北京 : 中国农业大学出版社 .
② 北京动物园，1998. 北京动物园文集 [G]. 北京 : 中国农业大学出版社 .

那时，北京动物园自建的饲料基地开始提供了部分竹叶。然而，直到 20 世纪 80 年代，北京动物园才基本解决了竹饲料供给不足的问题。20 世纪 80 年代初，因北京产的苇叶受到污染，甘蔗质量也难保，加上之前发生过大熊猫中毒事件，北京动物园才彻底中断了替代青饲料的供给。1989 年北京动物园还进行过竹粉颗粒饲料的喂养试验，也因效果欠佳而中止。①

庆幸的是，大熊猫食用替代青饲料后，并没有出现普遍的消化和营养不良现象，而且，有些大熊猫的食用效果还超出了工作人员的想象。" 1963—1965 年，园里连续 3 年的夏秋季给 3 只成年大熊猫足量饲喂鲜芦苇，结果 3 只大熊猫均健康生长，并实现了繁殖。""还有 1 只母兽，只在妊娠初期饲喂了不足 1 个月的竹子，其他时间均以饲喂芦苇、青玉米秆和苏丹草为主，结果妊娠、产仔均正常。"②

毋庸置疑，那是个绝无仅有的年代，国民经济出现的极度困难在中华人民共和国史上绝无仅有，长年无竹的饲养条件在大熊猫圈养史上也绝无仅有！然而，就是在那样极端恶劣的的饲养条件下，北京动物园不仅保障了绝大多数大熊猫的成长和健康，而且实现了大熊猫的自然繁殖。

今天看来，无竹饲养大熊猫是何等的不可思议，又是何等了不起啊！若没有数十年如一日地勤勤恳恳、不畏艰难的工作精神，怎么可能挑得起如此艰巨的重担？又怎么可能在一无所有的条件下成功饲养和繁殖了大熊猫？毫无疑问，那段大熊猫饲养史，值得人们永远铭记！

正因为北京动物园的工作人员坚持精心喂养和认真积累经验的工作作风始终未变，在自然灾害的经济困难时期和"文化大革命"时期，仍然在大熊猫的饲养方法和营养学上取得多项重要突破。

20 世纪 60 年代初期，工作人员对大熊猫生物学特征的了解还处在一知半解阶段，饲养工作完全依靠前期观察和实践积累的经验进行。在当时，认知上的最重要突破之一是知道了青粗饲料对大熊猫生长的重要作用。"青粗饲料供给充分，就能保证大熊猫常年食欲旺盛、爱活动、粪便正常，反之食欲、粪便、活动情况都比较差，脱毛现象严重。青粗饲料缺乏，大熊猫虽有发情表现，但发情不规律或不明显，无法实现繁殖。"③ 这一认知不仅对稳定本园大熊猫良好体况起到了重要作用，而且为后来其他动物园大熊猫的饲养提供了至关重要的参考经验。

① 北京动物园档案资料；北京动物园，1998. 北京动物园文集 [G]. 北京：中国农业大学出版社 .
② 北京动物园，1998. 北京动物园文集 [G]. 北京：中国农业大学出版社 .
③ 北京动物园，1998. 北京动物园文集 [G]. 北京：中国农业大学出版社 .

到了 20 世纪 60 年代后期，北京动物园工作人员已初步掌握了大熊猫各个生长时期营养需求特点，并采用了有针对性的饲料配方和饲喂方式，将大熊猫的科学饲养向前推进了一大步。

进入 20 世纪 70 年代，北京动物园饲养的大熊猫已增加到十几只，经由北京动物园输出到国内外其他动物园的大熊猫更是多达几十只，这个过程无疑为工作人员进一步研究大熊猫各个生长和生理阶段的特征提供了条件。技术人员认真总结，按生长阶段将大熊猫划分为哺乳幼年期、食物转化幼年期、亚成年期、成年期；按生理特点又将成年大熊猫细分为成年公兽、成年母兽、公兽发情期、母兽发情期、妊娠期、哺乳育幼期。[①] 这种细致的划分，对推进大熊猫的饲养科学化起到重要作用，使得大熊猫的饲料配方和进食量标准化，可以按照个体生长、生理期的营养需求和消化吸收特点来分别制订每日的饲喂计划，逐步实现了大熊猫饲养的标准化和规范化。

在分类饲养工作中，最大的突破莫过于 1 岁以上的大熊猫按雌雄区别喂养的方法。因为，这时的工作人员已经认识到："在人工饲养条件下，培养出健壮的公兽对繁殖十分重要。"[②] 在区别饲养的过程中，工作人员还总结出了很多经验："对待雄性大熊猫，平日喂养首先要注意促进它们的食欲，使其健壮结实、活泼健康；其次要充分保障公兽的青粗饲料，避免精料引发肥胖，不利繁殖；再者要根据个体特点喂养，确保食欲精神两旺。"

由于实施了按配方供给饲料的规范化饲养，"一只自幼在园里长大的公兽，1963 年 6 岁时开始特别喂养，1965 年春成功发情，并与母兽交配了 3 次。还有一只经过特别喂养的公兽与母兽交配了 15 次，使 3 只母兽当年怀孕。"[③]

北京动物园之所以在极其艰难的饲养条件下仍然能够实现大熊猫规范化和标准化的饲养，与那一时期在饲料营养评估、营养供给等方面取得重大研究成果分不开。早在 20 世纪 60 年代中期，工作人员已经分析归纳出了大熊猫每种饲料的营养构成比和能量转化率，同时还统计分析出了不同大熊猫每天摄入、排出粪便中的干物质、蛋白质、粗脂肪、粗灰分、粗纤维、无氮浸出物、钙、磷等数值，总结出了大熊猫食物的消化比例。[④] 由于动物营养学方面的研究涉及多个领域，因此，对每一种营养物质的分析都非易事。例如，在大熊猫钙磷营养供给量和供给方式的研究中，技术员需要首先弄清：钙磷营养对大熊猫健康成长起着什么样的作用？大熊猫吸收多少钙磷能满足需求？哪些因素影响大

---

① 北京动物园档案资料。
② 北京动物园，1998. 北京动物园文集 [G]. 北京：中国农业大学出版社.
③ 北京动物园，1998. 北京动物园文集 [G]. 北京：中国农业大学出版社.
④ 叶掬群工作日记.《大熊猫饲料营养成分表》《大熊猫各类营养物质食入量、排出量及消化率第 1~8 表》。

熊猫的钙磷吸收？不同成长阶段钙磷吸收的情况有何差异？大熊猫钙磷代谢机制是怎样的？钙磷代谢异常后大熊猫会出现哪些症状？有哪些因素能导致大熊猫钙磷代谢异常？竹子和补充饲料的钙磷含量是多少？补充哪些饲料更易于钙磷的吸收？大熊猫进食量与钙磷营养的合理比例是多少？[①] 等等。

在研究多领域的问题时，若没有一个各学科互为依托、互为借鉴、互为促进的研究环境，许多关键环节的问题将难以得到破解。北京动物园的技术员们在研究大熊猫饲料营养价值的过程中，就借鉴了不同领域的研究成果。1964 年动物学家郑光美在陕西秦岭的观察、1968 年中国科学院动物所在四川平武的观察，以及 20 世纪 70 年代中期胡锦矗先生等在四川、陕西、甘肃的观察都证明：野外大熊猫通过舔食石灰岩或饮用富含钙的溪水摄取所需的钙，在植酸磷中摄取磷，并使体内钙磷保持平衡。[②] 由此，技术员们意识到即便圈养大熊猫竹子供给充足，还是需要单独补充钙磷营养。经过几年的摸索，技术员们分析出了不同生长、生理期大熊猫的钙磷吸收代谢情况，因而在饲养过程中，采取了幼兽、公兽、母兽及哺乳兽区别补充钙磷的方法。这一举措效果十分明显，20 世纪 60—70 年代，北京动物园的大熊猫生长发育良好。[③]

20 世纪 70 年代初，随着工作人员的研究步步深入，同时通过科学地观测，最终获取了数只大熊猫活动量与食物消化关系的较为系统的数据。[④]

正因为有一批又一批十分严谨的基础数据支撑，北京动物园才能在那个特别艰难的年代实现了科学化的饲养管理。从另一个方面看，以那个年代的工作条件，能够分析出大熊猫饲料的营养与消化等方面如此详细的数据，是需要极大耐心和大量精力的，如果没有极其认真负责的工作态度和坚持不懈的奋斗精神，是很难取得能够奠定大熊猫饲养基础的研究成果的。

26

二、迎难而上，点燃希望

1960 年秋，伦敦动物园的大熊猫"姬姬"发情了，这在当时是大新闻，让人们看到了圈养大熊猫生存发展的一线希望，因为大熊猫饲养那么多年了，发情、繁殖成功一直是圈养大熊猫工作者的梦想。紧接着 1961 年春"姬姬"再

① 北京动物园，1998. 北京动物园文集 [G]. 北京：中国农业大学出版社 .
② 胡锦矗，1986. 大熊猫研究 [M]. 上海：上海科技教育出版社 .
③ 北京动物园，1998. 北京动物园文集 [G]. 北京：中国农业大学出版社 .
④ 叶掬群工作日记：5 只大熊猫活动规律与消化道食物停留时间观察。

次发情，伦敦动物学会紧急向北京动物园求援，请求再引进一只雄性大熊猫，结果遭到北京动物园婉拒。[①] 我国在 1959 年就颁布了《限制珍贵动物出口条例》，回绝国外动物园商业获取大熊猫的要求理所当然。然而，"姬姬"发情的消息却让北京动物园技术人员坐立难安，园内饲养大熊猫已经 6 年了，全国动物园饲养的大熊猫也有二三十只了，怎么就看不见任何一只大熊猫发情配种？如果说大熊猫不适应北方的气候、食物，那么为什么大熊猫产地饲养的大熊猫也没有发情的动静？[②]

1962 年，国务院颁布的《关于积极保护和合理利用野生动物资源的指示》规定，未经中央批准，严禁捕猎大熊猫等国家一级保护珍稀动物。[③] 也就是说，实现自我繁殖将是动物园饲养大熊猫的唯一出路。更让北京动物园焦急的是，眼下园内饲养的大熊猫大多已进入性成熟期，可就是看不到有发情的迹象，更别提看到动物发情配种的"热闹"场面了。个别雌性大熊猫倒是出现过阴门红肿的发情征兆，可雄性大熊猫却对此无动于衷，特别是那些人们对其期望值很高的白胖体壮的雄性个体，照样没一点"性"趣，面对发情中的雌性大熊猫连闻都不去闻一下！工作人员都被这种情景弄蒙了，明明身体都具备了繁殖条件，怎么就不会配种呢？这到底是怎么回事呢？[④]

现在的大熊猫饲养人都清楚大熊猫不发情的原因，但在 20 世纪 60 年代，"不光国内动物园，就是国内外动物学界也对大熊猫知之甚少，别说生殖生理，就连大熊猫的生态习性、一般生物学特征，人们对其认知都很不深入。"北京动物园老一代技术工程师刘维新先生解释道："现在，理论上已经阐明圈养大熊猫不孕不育与其生长过程中的饲养管理有很大关系。可现在的人们不知道，这个认知的形成足足耗费了 20 多年的时间，在这 20 多年里，饲养人员一直在探索饲养过程各个环节的问题。"刘维新先生举例说："不要说 20 世纪 60 年代，即便到了 90 年代，我们被邀请去卧龙大熊猫基地做顾问时，仍然看见那里繁殖期的大熊猫普遍都很瘦弱，有些只有 70~80 千克，也不能正常地发情配种。"刘维新先生强调："这些情况说明，圈养环境就是和野外不一样，光有适宜的气候和充足的竹子远远不够，饲料构成、生活环境、喂养方法、管理措施等方面都得适宜才行。但要弄清每个环节怎么才能让大熊猫适应，不经过长期摸索，不可能积累出今日的经验和方法。"

刘维新先生总结道："大熊猫的饲养管理长久不过关，与国内生物学理论和研究手段整体落后有很大关系。回想起来，我刚去北京大学上学时，学校号召

---

① 胡锦矗，2008. 大熊猫历史文化 [M]. 北京：中国科学文化出版社.
② 刘维新访谈记录。
③ 国务院规范性文件：国务院关于积极保护和合理利用野生动物资源的指示.1962 年。
④ 叶掬群工作日记，刘维新访谈记录，白淑敏访谈记录。

1976年技术人员开会（左一是白淑敏，左二是叶掬群）

同学进生物系，因为那时大家连生物系是学什么的都不知道。在学科基础极其薄弱的条件下，想在动物学方面取得一点突破是很困难的。"

说到饲养大熊猫的艰难，老饲养员白淑敏师傅身有同感："大熊猫难养，主要还是因为那个时代的饲养条件太差，又什么都不知道，连专家们也了解得不多。所以，一切只能一步一步慢慢走，一边养一边琢磨，遇到问题就开会，讨论出方案再试做。现在饲养大熊猫的条件多好啊，好多问题都解决了，有充足的竹子，有空调冷气，有专家团队……我们那时整天忙碌的许多工作现在都不用做了，饲养员一心一意喂养和观察大熊猫就行了。因此，现在养大熊猫是很幸福的工作。"

1962年，正是北京动物园的经费极其紧张、大熊猫的青饲料极其短缺的时期，北京动物园领导仍下定决心，挑起大熊猫繁殖这个极为紧迫又十分艰巨的任务，并在当年年底抽调黄惠兰等技术员和饲养员组成了大熊猫繁殖科研小组。时任园长崔占平鼓励工作人员说："谁繁殖出大熊猫，园里就给谁奖励七级工（当时的动物园饲养员中，连四级工也不多见）。"[1]

大熊猫繁殖科研小组成立之时，园领导任命黄惠兰担任组长，全权负责大熊猫繁殖的各项事务。黄惠兰是旅美畜牧学硕士，1952年同丈夫黄逢昆一同回国参加祖国建设，在北京动物园担任技术员。"别看时任动物园领导都是外行，不是工农干部，就是打过游击的老革命，但他们看问题没有偏见，眼光敏锐、长远，把这么重要的任务交给黄惠兰，说明他们十分尊重和信任归国的知识分子。不仅如此，园领导还在人力、物力、财力上给予黄惠兰全面的支持，配备了技术员欧阳淦和叶掬群，以及能力强的饲养员和后勤人员，还腾出了宽敞安静的圈舍作为繁殖场地。并且，专门在园内大熊猫中挑选了年龄、体型、体格最好的一雄二雌作为繁殖研究的对象。"[2]

"黄惠兰是个特别认真负责的人，对每项工作要求都非常严格，每个细小环节的纰漏都逃不出她的眼睛；而且，她的组织能力也很强，有魄力、敢担当，有了问题就组织大家开会讨论，集中智慧去解决。因此，繁殖小组的工作

漫漫求索路 殷殷国宝情
——北京动物园大熊猫易地保护研究纪实

① 刘维新访谈记录。
② 刘维新访谈记录。

氛围十分积极向上，大家都能齐心协力地投入到繁殖研究工作中。"[1]

3 只参与繁殖的大熊猫分别是 5.5 岁的雄性大熊猫"皮皮"，雌性大熊猫是的"娇娇"和 10.5 岁的"莉莉"。雌性大熊猫"莉莉"是 1957 年 12 月来到北京动物园的，别看 3 只大熊猫中它的年龄最大，但身体却十分健壮，体重接近 100 千克。[2] 没想到的是，"莉莉"来到繁殖场不久就出现了消化不良的现象。组长黄惠兰和大家一起讨论分析，一致认为问题可能出在饲料上，为了促使大熊猫发情，工作人员对大熊猫的饲料做了调整，提高了精饲料中蛋白质的比重。就是这份好意让大熊猫的肠胃出了问题，也让繁殖小组的工作人员得到一个教训：促进大熊猫发情，单靠补充营养是行不通的。由于工作人员及时发现找到了原因，调整了饲料配比，大熊猫"莉莉"的肠胃很快得到恢复。[3]

1963 年春季，大熊猫的繁殖季到来了，可大熊猫"莉莉"的"肠胃又出现了问题"，平时最爱吃的精饲料吃得越来越少，竹叶的食用量却大大增加。[4] 大家想：春天的竹子新叶多，怪不得大熊猫爱吃呢。没料到过了些日子，"莉莉"彻底颠倒了胃口，原本爱吃的精饲料一口不吃了，吃起竹叶来倒没个够。这时工作人员注意到，"莉莉"的外阴有些泛红，方才醒悟，"莉莉"该不是发情了吧？难道大熊猫没怀孕就已经改变了口味！

随着大熊猫"莉莉"阴门红肿加剧，食欲也越来越差，相反它的活动量却明显增大，有时连午休时间都在圈舍里走来走去。工作人员不由得担心起来："这样消耗下去，它拿什么本钱受孕保胎呢？"在此之前，园里虽存有雌雄大熊猫性成熟特征的观察记录，但却没有人知道雌雄大熊猫发情、交配过程是什么样，更没人见过大熊猫发情是什么样？有哪些表现？发情过程有多长？眼下，繁殖小组对"莉莉"产生的种种担忧，是对即将要发生的事情一无所知的缘故。[5]

第一次开展大熊猫繁殖就像盲人过河，无从知道前面是沟？还是坎？该怎么落脚？更主要的是当时还没有更多的检测手段，仅仅靠监测尿液中的激素含量这一种方法。面对发情中的雌性大熊猫，繁殖小组单凭"毫无规律可循"的大熊猫尿中孕酮含量，完全无法判断大熊猫发情期生理有什么变化，什么时候排卵。排几次卵。当然，更无法预测接下来要发生的事情。[6] 更糟糕的是，别看雌性大熊猫"莉莉"那么闹腾，邻舍的雄性大熊猫"皮皮"每天照旧该吃就吃，

----

① 刘维新访谈记录。
② 北京动物园档案资料。
③ 北京动物园档案资料；叶掏群工作日记。
④ 北京动物园档案资料；叶掏群工作日记。
⑤ 郑锦璋访谈记录。
⑥ 刘维新访谈记录。

该睡就睡，一副事不关己的样子。大家都焦急起来，难道"皮皮"也是个提不起"性"趣的家伙？① 那些日子，繁殖小组的每一天都是在极度焦虑中度过的。

转眼间进入了4月，雌性大熊猫"娇娇"也出现了发情状况。而此时的"莉莉"发情行为则愈加激烈，不光食欲越来越差，情绪也变得格外焦躁，经常在圈舍里不停地转圈跑不说，连发情蹭尾的次数也一天比一天多了起来。繁殖小组了解过一些野外大熊猫的繁殖情况，4月是野生大熊猫的交配高峰期，一年就一次，可眼下"皮皮"却仍然没有发情迹象，大家十分担心，怕它错过雌性大熊猫一年仅一次的宝贵的发情机会。组长黄惠兰依据多年从事家畜繁殖的经验认为，尽管不了解大熊猫的交配情况，但可以按照其他动物的经验，早些将公母兽合并在一起饲养，进行交配前的磨合，以促进公兽发情。黄惠兰说，"这么做，我们至少不会错过大熊猫一年中唯一的交配机会。"②

4月14日那天，按照组长黄惠兰的安排，饲养员鲁诚将雄性大熊猫"皮皮"和发情中的"莉莉"合并到同一个圈舍。一开始"皮皮"和"莉莉"都十分警觉地盯着对方，看得出来它们都很紧张。尽管没有出现大家期待的交配前相互示好的行为，但至少没有发生打架意外。不过，组长黄惠兰怀疑，两只大熊猫合并后情绪过于不安是圈舍外"围观的生人"产生的影响。为避免工作人员对合笼大熊猫产生干扰，她决定，白天仅留大熊猫熟悉的饲养员进行观察，夜晚不安排专人守候，以保障大熊猫有个安静的环境，放松情绪，安心配种。③

4月19日，饲养员进圈舍喂食时，看到雄性大熊猫"皮皮"并没有像往常那样急于前来进食，而是围着圈舍闻来闻去，还不停地滋尿。这是怎么回事？是在发情吗？组长黄惠兰闻讯紧忙赶来查看。此时，大熊猫"皮皮"和"莉莉"都围着圈舍不停地转圈，还频频"你唱我和"地发出震颤的叫声。不一会儿，"皮皮"突然不停地喘起了粗气。当发现"皮皮"的阴茎头露出时，组长黄惠兰高兴地说："雄性发情了，要交配！"④

终于等来了雌雄大熊猫同时处于发情状态，在场的工作人员都异常兴奋，急切地想看到令人激动的大熊猫交配场面。然而，接下来发生的事情却让在场的人猝不及防，大熊猫"皮皮"冲到"莉莉"跟前大声吼叫起来，"莉莉"吓得转身就跑，而"皮皮"紧追其后不放。"不好！它们打起来了！怎么办？"⑤大家紧张地询问组长。没有回答，这种场景对谁来说都是第一次见到，无法解释，也无法预料后果。现场一下子变得悄然无声，人们都紧张到了极点。就在

① 郑锦璋访谈记录。
② 叶掬群工作日记. 北京动物园大熊猫的自然交配繁殖。
③ 叶掬群工作日记. 北京动物园大熊猫的自然交配繁殖。
④ 叶掬群工作日记. 北京动物园大熊猫的自然交配繁殖。
⑤ 郑锦璋访谈记录。

这时，"皮皮"突然从后面抱住了"莉莉"，一声震耳欲聋的吼叫中与"莉莉"交配了！ [①] 在场的工作人员都惊呆了，半天不能释然，这场面简直太惊心动魄了，原来大熊猫的交配方式是战鼓雷鸣啊！这是人类首次观察到的大熊猫自然交配，仅仅几秒钟的过程，人们却等了数十年。非常遗憾，当时没有照相、录像设备，没能记录下这重要的时刻！

大熊猫"皮皮"和"莉莉"合笼 5 天后实现了配种，繁殖小组认为，圈养大熊猫的配种方式就是将发情大熊猫合笼饲养一段时间，让其产生相互刺激效应。因此，4 月 21 日，工作人员又以同样的方式将雄性大熊猫"皮皮"和雌性大熊猫"娇娇"合并到同一个圈舍。结果出现了意想不到的情况，合笼期间，雌雄大熊猫几番出现令人揪心的打斗现象，最后在 4 月 24 日又出现了令人振奋的雌雄成功交配场面。[②]

1963 年，北京动物园饲养大熊猫的第 8 个年头，终于等来了大熊猫成功配种，这让繁殖小组久久沉浸在喜悦之中。配种成功后，他们抓紧时间将雌雄大熊猫各自的发情行为、求偶行为，以及发情期激素变化的检测数据归纳出来。这些数据对今后繁殖大熊猫太重要了！有了第一份参考资料，至少第二次开展大熊猫繁殖时，就不会因为什么都不知道而不知所措了。同时，技术员们将大熊猫繁殖过程中遇到的问题也一一整理出来，例如：雌性大熊猫的发情和排卵是否有周期规律？雌性大熊猫在发情期的不同叫声意味着什么？雄性大熊猫在什么情况下才发情？如何评估雌雄大熊猫的发情状况？大熊猫在交配前为什么会打架？雌雄大熊猫在什么状态下才会完成交配？……他们知道，捋清这些多如牛毛的疑问，对今后开展大熊猫生殖生理特征的研究、揭开大熊猫繁殖的奥秘都具有重大的意义，至少可以为探索谜团提供有益的线索。

同时，繁殖小组的工作人员开始备战新的工作，诸如：如何照料配种后的大熊猫？如何确定大熊猫是否受孕？是否能检测出孕激素的变化？受孕大熊猫会有什么样的表现？受孕大熊猫的饲料配方该怎么调整？等等。尽管工作人员对大熊猫配种后会发生什么全然不知，但大家清楚，现在唯一能做的就是"死死盯住"，不放过配种后雌性大熊猫任何细微的变化。

"现在的人们已经初步了解了大熊猫的整个繁殖过程和繁殖特征，工作状态可以有紧有松，而第一次繁殖大熊猫时，大家什么都不知道，所以神经高度兴奋和紧张，一直紧绷到大熊猫幼仔成活。高强度的工作状态前后持续了一年多，如果不是人人有股子劲儿，如果不是仰仗着年轻，很多人也许坚持

---

① 郑锦璋访谈记录；叶掏群工作日记：北京动物园大熊猫的自然交配繁殖。
② 叶掏群工作日记：北京动物园大熊猫的自然交配繁殖。

1963年大熊猫"莉莉"抱着"明明"

不下来。"①

　　没有大熊猫配种后的喂养经验，工作人员只能根据大熊猫每天食欲的变化来增减精饲料，根据经验，最重要的是提供充足的青粗饲料，确保大熊猫的肠胃不出问题。没想到，就在这个关键时期，还是发生了让人始料不及的情况，繁殖大熊猫只吃了不到1个月的竹叶就断顿了。竹子供应出了大问题，一开始是竹子不能按时运过来，到5月下旬天气一下子热了起来，好不容易运来的竹子都变质了，所有大熊猫都不吃。无奈之下，工作人员只得给雌性大熊猫喂食可以找到的青粗饲料。最初的一段时间只有芦苇可喂，后来应时的玉米秸秆和苏丹草成了主要饲料，遗憾的是，"莉莉"直到生产后也没吃到竹子。对此，工作人员自有一套应对措施，在确保几种青粗饲料供给量和相互交替的基础上，他们下足了功夫去保障青粗饲料的新鲜度。工作人员的努力得到了喜人的回报，雌性大熊猫始终保持着旺盛的食欲和精力。②

　　转眼间，大熊猫配种后的日子已经过去了几个月。其间，大熊猫"莉莉"和"娇娇"并无任何异样的表现，体型也没有变化，孕激素检测指标波动不定，找不到可循的规律，以至于工作人员一直不能确定雌性大熊猫是否成功受孕。到了8月下旬，也是野外观察大熊猫的产仔季节，可偏偏在这个时候，雌性大熊猫"莉莉"的身体出现了异样，一开始是食欲下降，进入9月后，一连几天都蜷缩在角落睡觉，拿去的食物一口不吃，甚至连排粪便都没有！郑锦璋先生回忆："对当时大熊猫的表现，兽医们迷惑不解，以前大熊猫生病时往往只是不吃不喝和嗜睡，不排泄的症状还是第一次见，莫非肠道出现了堵塞？兽医们讨论后决定，继续观察一下，如果再不排泄，就要灌肠了"。2天过去了，大熊猫"莉莉"还是没有排泄，兽医们认为必须采取措施了，否则"莉莉"体内堆积的毒素会损伤身体。9月9号，兽医和繁殖小组聚集到繁殖场（现在首都体育馆南，新世纪饭店的位置），打算共同商议解决"莉莉"不排便的问题。然而，他们在圈舍却看到了另一番情景，大熊猫"莉莉"正在闹腾呢。只见"莉莉"

① 郑锦璋访谈记录；刘维新访谈记录。
② 北京动物园，1998. 北京动物园文集 [G]. 北京：中国农业大学出版社.

情绪极度焦躁，坐也不是，卧也不是，还不停地叫唤，并且还时不时地舔舐外阴。凭借着饲养繁殖过多种动物的经验，组长黄惠兰判断："莉莉"就要临产了。① 果然，几小时后，一个粉色的小肉球从"莉莉"的产道里冲了出来，并伴随着一声又一声响亮的啼哭声，震动着整个繁殖场。在场的人们都被新生仔这超大的啼哭声镇住了，这哪里像小肉球发出的声音，分明和刚刚降生的人类婴儿一样嘛！

"生了！人工饲养的大熊猫终于生仔了！"工作人员当即给大熊猫新生仔起了一个寓意深长的名字："明明"，预示着圈养大熊猫的前途一片光明，当然，这也是大熊猫饲养人的最大愿望。这个天大的喜讯顿时传遍了动物园，传遍了北京，传遍了全国，也传遍了世界。第一只圈养大熊猫幼仔的诞生向世界宣告，大熊猫在人工饲养环境下是可以成功自然繁殖的！让所有的动物园都真正看到了圈养大熊猫的希望。②

大熊猫"莉莉"产仔后，为了保障"莉莉"能够顺利哺育幼仔，动物园立刻成立了由黄惠兰、叶掬群、叶涟漪、欧阳淦、鲁诚、何光昕、孙明玖等人组成的护理小组，24 小时不间断护理，定期给幼仔体检。此时，大熊猫生小仔的消息，引来八方访客，人们不仅为庆祝世界第一而来，也为能目睹大熊猫幼仔的颜容而来："听说新生大熊猫幼仔就像一只小老鼠一样大小，满身白毛，与大家认识的大熊猫很不一样"。谁知，这热闹场面让大熊猫"莉莉"坐卧不安，叼着新生仔在圈舍里来回走动，还不时地发出焦躁的吼叫。这个情况让工作人员万分紧张起来，这怎么得了，好不容易盼来的宝贝疙瘩，千万不能出现闪失。大家意识到，在野外，大熊猫都是在僻静的洞里独自生产育仔，现在的喧闹环境，一定是让生育后的"莉莉"失去了安全感。园领导立即决定，除工作人员外，其他人员一律不得进入产房。此外，为使圈舍看起来像野外环境，工作人员还专门调暗了亮度。采取了这些措施后，大熊猫"莉莉"安静了下来，再也没有受到惊吓。③ 后来，在大熊猫哺育期，将大熊猫繁殖场馆设为"禁区"的经验一直沿用至今。

大熊猫"莉莉"虽然安静下来了，但身体没有得到恢复，它一心照顾新生仔，几乎顾不上吃喝。繁殖小组的工作人员又着急起来，他们不明白"莉莉"到底怎么了？产仔前就没好好吃东西，生育本身又消耗很多能量，如果再不好好吃东西，它哪来的乳汁喂养新生仔呢？可是工作人员又想不出什么好办法让大熊猫"莉莉"多吃东西，只能尽自己所能地照顾它。为了刺激"莉莉"的食欲，他们每天一早去割来最好的青刈玉米秸秆；为了让"莉莉"住得舒适，他

① 郑锦璋访谈记录。
② 北京动物园档案资料。
③ 白淑敏访谈记录。

第二章
点亮大熊猫繁殖的希望之火

们在圈舍铺垫了厚厚的稻草。几天后，"莉莉"终于恢复了胃口，并且食欲出乎意料地旺盛，它的身体状况也因而得到快速恢复。这时工作人员才猛然领悟到：莫非"绝食"是大熊猫生育过程的一大特点？为了满足大熊猫"莉莉"哺乳的需要，工作人员增加了精饲料的配比，由于青粗饲料供给充足，整个哺乳期"莉莉"不仅没有出现消化不良的现象，而且乳汁充盈，使得幼仔"明明"的生长发育十分健康顺利。[①]

　　人工饲养条件下大熊猫首次产仔无疑是件惊天动地的大喜事，当时国内很多媒体都争相报道。此时，大家的目光又不约而同地聚焦到新生幼仔"明明"的身上，没有哪个人不想知道那个没有巴掌大的小肉团子是怎么长大的！在今日，人们可以通过各种媒体的直播节目亲眼目睹大熊猫新生幼仔成长的每个环节，而在 20 世纪 60 年代，了解大熊猫及幼仔状况的唯一途径就是事后的图文报道。对北京动物园繁殖场的工作人员来说，文字记录工作要耗费大量的时间、精力，但大家更清楚，记录首只大熊猫幼仔的成长过程意义非凡，不仅有利于日后的大熊猫繁殖工作，也有利于即将开启的大熊猫繁殖育幼的研究，还可以满足全社会迫切了解大熊猫的愿望，特别是让世人了解到大熊猫饲养一线的情况。

　　当年参与大熊猫繁殖工作的技术员叶掬群，就是以工作日记的形式，事无巨细地记录了世界首次圈养繁殖的大熊猫幼仔"明明"出生后 201 天里生长变化的过程。叶掬群的女儿（也毕业于北京农业大学兽医系）知道笔者在整理大熊猫的历史，就把母亲保存的照片、日记本赠送给笔者，其中包括"明明"的护理记录。看到这本记录，笔者如获至宝，认真翻看着每页记录。叶掬群技术员的整部遗作洋溢着对大熊猫的挚爱，也充满了热情执着和孜孜不倦的工作精神。不能不说，叶掬群的观察日记是有温度、有情感的，阅读起来如同波澜起伏的小说，让人心潮涌动，让人敬佩和感动，这种感受绝非今日许多野生动物观察记录可以等量齐观的。

　　在叶掬群技术员的工作日记中，是这样记录大熊猫"莉莉"和第 15 天新生幼仔的。

　　9 月 23 日，星期一，阴，18.5~23.5℃

　　一清早（6 点 20 分），见她坐着，右手抱着小仔，小仔安静地甜睡着。我进去摸了摸她的头，然后又摸了摸她抱着小仔的手，最后又摸了一下小仔。她看见了，也没有什么反应。10 分钟后她便倒下睡了，小仔放在她脖子下面的草垫上。8 点多她坐了起来，我给她梳了毛。9 点多她又坐起来，似乎很想吃东

① 叶掬群工作日记：北京动物园大熊猫的自然交配繁殖。

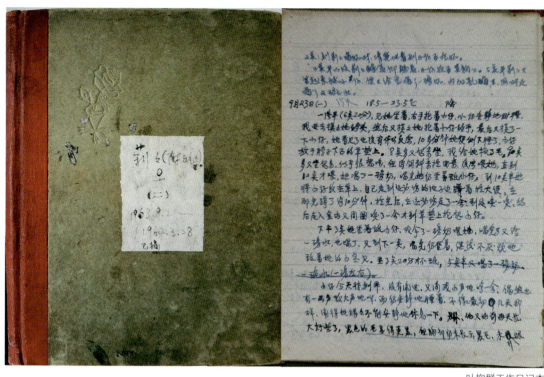

叶掬群工作日记本

西，但因饲料还未送来，没法喂她，直到 10 点才喂。她喝了 1 磅（磅为我国非法定计量单位，1 磅 ≈ 0.45 千克。—编者注）奶，喝完继续坐着舔小仔。10点半她将小仔放在草垫上，自己走到运动场的池子边蹲着拉大便，在那蹲了约10 分钟。拉完后，在运动场走了一会，到处嗅一嗅，然后走入室内，又在周围嗅了一会才到草垫上抱起小仔。

下午 3 点，她坐着舔小仔，我拿了一磅奶喂她，喝完了又给了一磅水，也喝了，只剩下一点。喝完后仍坐着，继续不厌其烦地舔她的小宝贝，至 3 点 20分才不舔。5 点半又喝了 1 磅奶、1 碗水（1 磅左右）。

小仔今天特别乖，没有闹过，只是其间小声地哼了一会，偶尔也有一两声较大的叫声，一直安静地睡觉。不像最初几天那样，闹得他妈妈不能安静地休息一下。另外他又比前两天长大好些了，黑色的毛显得更黑了，但胸部仍未长出黑毛，未睁开眼睛。

看来这小仔是个公的，因为生殖器部位长得像雄性一样，中间有个较大的

叶掬群工作日记中"明明"的体尺数据

突起（像豌豆一样大），呈黑褐色，可能就是阴茎，只是现在长得不像阴茎罢了，其两旁各有一颗像黄豆一样大的突起，呈粉红色（与肤色一样），可能就是睾丸。小仔的肛门很大。

"莉莉"于5点钟又把小仔放下，独自去运动场池子边拉大便。两次大便均是水状、黄色，量相当多，非常腥臭。拉完仍走动一会才回来。

小仔现在经常睡在他妈妈脖子下面的草垫上，而且睡觉时常爱颤动。

叶掬群技术员的201篇日记详细地讲述了产后大熊猫的每一个行为，描绘了大熊猫幼仔生长变化的每一个细节。在大熊猫新生仔第15天的这篇工作日记中，她不仅描述了产后大熊猫的育幼行为，还第一次见证了雄性新生仔的生理特征。工作日记中还有部分"明明"生长发育体尺测量记录。遗憾的是，叶掬群技术员的这部遗作仅存留了大熊猫新生仔第13~201天的部分。

1964年3月，世界级明星大熊猫幼仔"明明"整整半岁了，工作人员将它和母亲"莉莉"分开饲养，开始对外展出，"明明"进入了人工喂养阶段，同时技术人员定期给"明明"测量体温，监测身体情况。说到人工育幼，"明明"其实算不上是首例，因为，北京动物园首次饲养展出的3只大熊猫都是半岁左右来的，工作人员也因此积累了不少育幼经验。

"喂养大熊猫幼仔最关键的是细心管理、耐心饲喂。每天必须为幼仔称重、量体温和进行其他必要的检查，并且还要给幼仔刷毛，促进它们血液循环。大熊猫幼仔在半岁至1岁阶段生长发育得特别快，每周体重都增长1~2千克，因此需要充分保障营养。一般来讲，幼仔1岁之内每天要确保喂3~4次奶，尽量少食多餐，根据消化情况，在奶中添加适量的米粥、糖、盐、钙、维生素等营养物质，并逐渐提高添加量。幼仔7—8月时还需添加适量鸡蛋和混合饲料，周岁前以精饲料为主，在1周岁左右就得开始训练它们吃青粗饲料的能力。

大熊猫幼仔这段成长过程的喂养方法极其重要，如果营养供给不足会影响生长发育，但营养物质过多又易引起消化不良而导致腹泻或排黏液，并易引发

漫漫求索路　殷殷国宝情
——北京动物园大熊猫易地保护研究纪实

消化道疾病，反而影响营养的正常吸收，甚至导致幼体因营养不良而死亡。因此，饲喂这个阶段的大熊猫幼仔要特别注意精粗饲料的配比。

1周岁以后，小公兽的食量增加得很快，此时就需要将雌雄幼仔区别喂养了。"①正因为有了这些喂养大熊猫幼仔的经验，人工饲养繁殖的首只大熊猫

技术员叶涟漪和欧阳淦给"明明"测体温

幼仔"明明"，在整个生长过程中，不仅没有遇到大的困扰，而且体格一直很健壮，成活到26岁。②

圈养大熊猫第一次自然繁殖成功，大大地提升了工作人员的信心，继续开展进一步的工作，1963年底开始着手第二次大熊猫的繁殖准备。但就在这时，又出现一个突发情况，雄性大熊猫"皮皮"出现了食欲和精神不振，兽医会诊确定是病了。那个时候，兽医院既无检查设备，又无麻醉药物，根本无法明确诊断出病因，虽然采取了多种方法治疗，1964年的新年刚过，繁育工作还未开展，大熊猫"皮皮"就死亡了。解剖发现"皮皮"胸腹腔大量积水，但病因不明。③"皮皮"的突然病逝，对工作人员产生了很大的冲击。

种公兽"皮皮"的离去，让1964年繁殖大熊猫的工作不得不做出紧急调整，换上了8岁的雄性大熊猫"三三"。别看"三三"正处盛年，但来北京动物园还不到一年，没有发情的记录，因此，培养"三三"就成了当年繁殖工作的重点。参与繁殖的雌性大熊猫仍是"莉莉"和"娇娇"。④有了第一次成功繁殖的经验，工作人员对把握雌性大熊猫的发情有了一定的信心，参照第一次配种的做法，4月23—30日在雌性大熊猫出现了一些发情征状时，将先行发情的雌性大熊猫"娇娇"与雄性大熊猫"三三"合并到同一圈舍喂养，令人欣喜的是"三三"的表现非常不错。为了获取更多准确数据，组长黄惠兰改变了第一次繁殖的做法，派专人进行交配行为的观察和记录。记录显示，合笼的7天里，大熊猫"三三"与"娇娇"一共交配了8次，同时也出现过多次令人心惊肉跳

① 北京动物园，1998. 北京动物园文集 [G]. 北京：中国农业大学出版社.
② 北京动物园档案资料。
③ 北京动物园档案资料。
④ 北京动物园档案资料。

的打斗，"娇娇"甚至还被"三三"咬伤了。[1]这样的"惨状"提醒繁殖组的工作人员，要进一步研究大熊猫的繁殖行为，也许大熊猫不同于普通兽类，不适宜长时间的合笼配种。这两只大熊猫最终能成功交配，至少说明它们之间在某些时点是默契配合的，如果在那个契合时段将雌雄大熊猫合笼，或许能够降低大熊猫打斗受伤的风险。

接下来，大熊猫"莉莉"也发情了，繁殖组没想到，它和雄性大熊猫"三三"合笼配种，进行得非常顺利，合笼3天的时间里它们一共交配了3次，而且完全没有出现让人担心的打斗现象。[2]两只雌性大熊猫的配种，出现了迥然不同的情况，给工作人员留下了更多分析各种大熊猫交配特点的一手资料和疑惑。不管怎么说，北京动物园的第二次大熊猫配种工作又顺利地完成了，两只雌性大熊猫都实现了自然交配，这让工作人员信心陡然上升。他们确信，北京动物园即将迎来一个大熊猫繁殖的大丰年。

交配后的护理工作顺利进行，1964年9月4日，雌性大熊猫"莉莉"先行一步产仔了，还是双胞胎！第一次看到大熊猫双胞胎，大家很兴奋，但是更发愁不知道如何面对这两只幼仔。观察发现"莉莉"仅把第一只幼仔抱在怀里，没有理会第二只幼仔。紧急之下，工作人员将第二只幼仔"抢"了出来，开始了第一次人工育幼的尝试。未曾想，喂养了不到2天新生仔便夭折了。谁知，不好的消息接踵而至，9月9日雌性大熊猫"娇娇"也生下了双胞胎，不幸却在当天双双殒命。[3]

大喜大悲！大熊猫繁殖工作的跌宕起伏对工作人员的情绪产生了很大的影响，但他们仍旧以饱满的热情备战1965年的繁殖工作。万万没有料到，接下来发生的事情给工作人员带来了更大的打击，并且几乎冲毁了刚刚建好的工作基础。1965年4月中旬，"莉莉"和"娇娇"顺利进入了发情，配种工作也很顺利。到了9月，雌性大熊猫"莉莉"生产时胎儿流产。10月好不容易盼来雌性大熊猫"娇娇"生产，可生下的双胞胎幼仔再次当即夭折。更让工作人员沉痛的是，产后的"娇娇"一病不起，当年12月便走到生命的尽头。[4]

1963年，首次繁殖成功曾经带给工作人员的所有喜悦，好像一下子烟消云散，大家仿佛又回到了大熊猫繁殖工作的原点。残酷的现实告诉人们：距离全面取得大熊猫繁殖的成功还相差甚远，在没有揭开大熊猫生殖生理的秘密之前，在没有筑起大熊猫繁殖的知识体系之前，无论取得什么样的成果都可能是

---

① 叶掬群工作日记：北京动物园大熊猫的自然交配繁殖。
② 叶掬群工作日记：北京动物园大熊猫的自然交配繁殖。
③ 北京动物园档案资料。
④ 北京动物园档案资料。

短暂的，难以算作真正的成功。

三、钻木取火，砥砺前行

1966 年对北京动物园来说是个灾难之年。那一年的 4 月，多只大熊猫发病，影响了大熊猫的饲养和繁殖工作，[①] 五六月份又开始了"文化大革命"，致使包括生物学、动物学在内的绝大多数学科的研究都被迫放缓了步伐，北京动物园的科研工作同样受到波及和干扰，技术人员被分散到各处，科研工作无法正常进行。与其他野生动物相比，国宝大熊猫的保护工作虽然备受国家重视，但在学科研究整体发展缓慢、滞后的大环境中，大熊猫的人工饲养和繁殖要想取得突破性进展，无疑是困难重重！

北京动物园的大熊猫繁殖工作进入了一段十分艰难的时期。伴随着社会环境和工作人员的动荡不定，大熊猫的状况也坠入低谷，接连几年园内的雄性大熊猫少有发情现象，就连雌性大熊猫的发情也不能达到最佳状态，繁殖工作被动搁浅了。

圈养大熊猫繁殖工作，沉寂了 2 年多后，在 1968 年出现了转机，雌雄大熊猫"三三"和"莉莉"同时出现了发情，让工作人员看到了"久违的阳光"。这一次，工作人员对各项工作都极为细心和小心。经过两三年的饲喂调养，大熊猫"三三"和"莉莉"无论是身体状况，还是精神状态，都达到了非常好的水平。尤为让人振奋的是，眼下雌性大熊猫"莉莉"的发情状况，与前两次成功产仔的情况特别相近，不仅发情时间长，就连各种发情行为也表现得十分明显。经过对大熊猫几次交配行为记录进行反复的比对和分析，工作人员摸索到了它们默契交配的要点。[②]

1968 年 4 月 15 日，大熊猫"莉莉"出现不思饮食、颤叫不止、倒退、抬尾等求偶行为，阴道口松弛扩大并由粉红变成了红色；邻舍的雄性大熊猫"三三"也不消停，反复地蹭尾做标记，还不停地打滚、滴尿、翘尾巴。不仅如此，大熊猫"三三"和"莉莉"还隔着栏杆频频对叫、互相抓挠。这不正是大熊猫交配的契合点吗？！"合笼！快合笼！"工作人员立即打开了两只大熊猫圈舍间的串门。"三三"和"莉莉"相聚后，仅仅用了几分钟便完成了交配。[③]

---

① 北京动物园档案资料。
② 北京动物园档案资料； 叶掬群工作日记：北京动物园大熊猫的自然交配繁殖。
③ 叶掬群工作日记：北京动物园大熊猫的自然交配繁殖。

成功了！工作人员详细记录了各个阶段的发情表现，并第一次尝试按之前分析确定的雌雄大熊猫契合时间点进行合笼，一举实现了自然配种！雌雄大熊猫没有发生打斗的事件。这个试验成果让每个工作人员都难以按捺内心的狂喜，要知道，这个成功经验对日后大熊猫繁殖工作的顺利开展有多重要！

如工作人员所愿，8月15日，大熊猫"莉莉"再度分娩，并又产下双胞胎，但仅存活了"莉莉"自带的那一只，幼仔取名"青青"。[①] 不过，这次的繁殖成果让工作人员产生了更多的疑问：大熊猫繁育率那么低，受孕难就是一大关，可为什么大熊猫"莉莉"即便交配一次也能受孕？造成大熊猫个体受孕差异的原因又是什么？此外，交配了一次的"莉莉"怎么会怀上双胞胎？工作人员深感，大熊猫还有多少深藏的秘密没有被人发现啊。和前次一样，1968年的大熊猫繁殖工作依旧留下了遗憾。

谁也没有想到，1968年大熊猫繁殖成功的喜悦并没有得到延续，此后连续数年未见成果，繁殖工作再度跌入谷底。进入20世纪70年代，国际环境发生了重大变化。1972年美国总统尼克松的到访，开启了中国与西方国家交往的新纪元，也将大熊猫推向了外交舞台的制高点。

一开始，国人并没有意识到，世界各国对大熊猫的喜爱竟是那样地超乎寻常。正如时任外交部礼宾司司长唐龙彬回忆的那样：起初，看到包括尼克松夫人在内每个到访的美国客人都对参观大熊猫表现出极大的兴趣时，并没有意识到大熊猫强大的外交作用。周恩来总理巧妙地借用人们对大熊猫的喜爱，通过赠送大熊猫，成功将冰封多年的中美关系提升到友善交往的新阶段。[②] 那段历史在当时震惊了全世界，也让北京动物园担负起培养和挑选国礼大熊猫的国家重任。

当年负责挑选国礼大熊猫的主要参与者之一、北京动物园老一代高级工程师刘维新先生至今仍对那段经历记忆犹新。他回忆道："挑选国礼大熊猫可不是件简单的事，这是有关国家外交礼节的大事，来不得半点疏漏。礼仪之邦的礼物自然要挑最好的，因此，国礼大熊猫的选择标准十分严苛。当时确定的大熊猫选择对象要符合四大基本标准：第一年龄在3岁左右，第二身体绝对健康，第三体型硕大，第四外观漂亮。最后一个标准也最苛刻，所谓漂亮，就是大熊猫的黑眼圈不能太大，形状要呈短而匀称的"八"字形；两个耳朵的黑毛不能越过耳根，要给人以黑白分明、恰似美丽图案的感觉；头形要大而圆；嘴巴不能太尖，不能太长，也不能太短，要适中。"刘维新先生还强调说，"那时对技术员来说，最大的考验是挑选一对雌雄大熊猫。大家可能不知道，大熊猫的形

漫漫求索路 殷殷国宝情
——北京动物园大熊猫易地保护研究纪实

① 北京动物园档案资料。

② CCTV复兴论坛 2009-01-07。

态特别之处不光体现在外貌上，身体形态也与其他哺乳动物大不相同。大熊猫的臀部没有明显的分瓣，那时没有经验，3、4 岁以内未成年大熊猫的生殖器官还显露不出来，并且那个部位表面的被毛连色差都没有。因此，用肉眼很难区分出幼年大熊猫的性别来。"

刘维新先生十分感慨地说："大熊猫选秀的四项基本标准说起来容易，想要一一落实却十分困难，主要因为当时北京动物园饲养的 10 只大熊猫中，好几只年龄已超过标准，有些身体状况不很好。为了保证圆满完成任务，动物园管理处制定了两个预选方案：一是从园内现有的大熊猫当中挑选，同时联系其他城市的动物园做候选准备；二是派有经验的工作人员前往四川的卧龙、宝兴等大熊猫产地挑选。经过了层层筛选把关，最后北京动物园的雌性大熊猫"玲玲"和雄性大熊猫"兴兴"脱颖而出，成为送给美国的特别国礼。入选的两只大熊猫均产自四川宝兴县，到北京动物园只有 1 年多的时间，年龄都在 3 岁左右，体重、健康状况、外观和形体也都符合要求，性别分辨上也幸运地没有出现差错。"

从 1972 年起，我国进入了大熊猫外交时代，北京动物园的大熊猫饲养工作也进入了一个服务于外交活动的历史阶段。1971—1982 年，北京动物园先后将 17 只大熊猫送往 7 个国家：1971 年 10 月和 1979 年 3 月，相继将大熊猫"凌凌""三星"和"丹丹"送往朝鲜；1972 年 4 月，将大熊猫"兴兴"和"玲玲"送往美国；1972 年 10 月至 1982 年 11 月，先后将大熊猫"兰兰""康康""欢欢"和"飞飞"送往日本；1973 年 10 月，将大熊猫"燕燕"和"黎黎"送往法国；1974 年 9 月，将大熊猫"佳佳"和"晶晶"送往英国；1975 年 9 月，将大熊猫"迎迎"和"贝贝"送往墨西哥；1978 年 12 月，将大熊猫"绍绍"和"强强"送往西班牙；1980 年 11 月，将大熊猫"宝宝"和"天天"送往德国。送出国门的 17 只大熊猫，无一例外全部是以"国礼四大标准"挑选的。[①] 这些大熊猫对我国的外交起到了积极的促进作用。

在此之后，由于大熊猫生存环境恶化，野外大熊猫的种群数量不断减少，1980 年，国务院专门发布了关于重申大熊猫不宜出国展出的通知，就此结束了中国将大熊猫作为国礼赠送到国外的历史。[②]

刘维新先生回忆道，"完成赠送国礼大熊猫的外交任务，对园内的大熊猫繁殖工作产生了不小的影响。但是，动物园领导、技术人员全力工作，那几年大熊猫繁殖工作还是取得了一些成果。"

---

① 北京动物园档案资料；刘维新访谈记录。
② 赵学敏，2006. 大熊猫——人类共有的自然遗产 [M]. 北京：中国林业出版社 .

1974 年 9 月 16 日，雌性大熊猫"芳芳"妊娠 109 天后产下 1 胎 1 仔，幼仔取名"岱岱"；1975 年 9 月 8 日，雌性大熊猫"圆圆"妊娠 135 天产下双胞胎，存活 1 仔，取名"绍绍"；1976 年 9 月 21 日，雌性大熊猫"芳芳"妊娠 145 天后再次生产，1 个死胎，1 仔成活，取名"治治"。尽管北京动物园的大熊猫繁殖工作连续 3 年传来捷报，但工作人员的心情却是喜忧参半。这是因为，连着 3 只大熊猫幼仔的父亲，均是千里之外上海动物园的大熊猫"都都"，并非本园雄性大熊猫的功劳。此外，原本抱有很大希望的雌性大熊猫"莉莉"，虽然在 1976 年也和雄性大熊猫"都都"实现了自然交配，但这一次却未能受孕。①

得益于工作人员多年积累的宝贵的繁育经验，3 只大熊猫新生仔都健康地成长起来，"岱岱"存活到 2000 年 3 月 27 日，"绍绍"作为优选大熊猫送给了西班牙，"治治"也存活了 21 年。这 3 只大熊猫新生仔之所以能够健康长大，与时任园领导亲自带队管理大熊猫繁育工作有一定的关系。②

不能不说，20 世纪 60—70 年代，北京动物园大熊猫繁殖工作跌宕起伏和频频受挫的局面，不光受那一时期社会动荡、饲养环境多变的影响，还与圈养雄性大熊猫整体状况差有关。同时，也与对大熊猫基础生理学知识认识不足有关。人工饲养繁殖大熊猫是一个从饲料、喂养方式、圈养环境，到日常管理、保健治疗等环节紧密关联的复杂工程，而仅仅依靠北京动物园自身的技术力量、积累有限的饲养经验，以及取得的初步认知，远不足以支撑起饲养繁殖大熊猫那样的大工程。

工作人员深知揭开大熊猫生命奥秘的艰难性和重要性，并深知实践才是发现问题、解决问题的基础。因此，无论社会环境怎样纷扰，无论工作条件怎样艰苦，无论大熊猫饲养的知识怎样匮乏，他们始终没有放弃观察记录大熊猫的行为，始终没有中断归纳分析和总结点点滴滴的工作经验，始终锲而不舍地探究遇到的每个问题。

1970 年，技术员欧阳淦和叶掬群汇总了园内 3 次大熊猫繁殖和育幼的观察记录，并撰写出《大熊猫的繁殖及幼兽生长发育的观察》。该文章首次阐述了雌雄大熊猫体成熟与性成熟的年龄和生理特点，描述了雌雄大熊猫各自的发情表现、交配行为，以及人工促成交配的措施；对雌性大熊猫孕期天数、行为特征做了详细描述，特别是对大熊猫的生产过程、生产前后的行为和身体变化，以及母兽对 0~6 月龄新生幼仔的哺乳方式、哺乳次数都——做了十分详尽的描述；用了大量篇幅描述了大熊猫新生幼仔 1 岁以内的生长发育过程，大熊猫幼仔刚出生时的体形、样态、体重、体长，50 天内毛色的变化过程，半岁以内四

① 北京动物园档案资料；叶掬群工作日记：北京动物园大熊猫的自然交配繁殖。
② 北京动物园档案资料。

肢发育和活动能力的变化过程，40 天至 3 个月视觉的变化过程，以及 1 岁以内体重、体长和牙齿的发育过程；还介绍了大熊猫新生幼仔半岁断奶后的饲喂方式。[①] 这篇论文成为后来对大熊猫繁殖认知不断完善和提升的重要基础，以北京动物园的名义发表在 1974 年第 20 期的《动物学报》上，填补了当时国内外对大熊猫繁殖育幼认知的空白。后来，北京动物园还以这篇文章内容为基础，逐步形成了大熊猫繁育工作的管理规定和操作规程。

经过十几年的实践操作，北京动物园在大熊猫疾病防治方面有了大量的实践和研究，积累了大熊猫肠胃病一系列防治方法。从 20 世纪 60 年代中期起，北京动物园对数例因病死亡和死因不详的大熊猫进行了病理解剖，通过解剖，不仅了解了许多大熊猫的病理病因，为疾病防治方法提供了参考依据，还积累了大熊猫生理组织学基础知识，[②] 成功治疗和预防了大熊猫群体感染寄生虫的问题。1972 年 12 月，大熊猫"滨滨"和"圆圆"刚来到北京动物园时，身体十分瘦小，体重分别只有 52.5 千克和 57 千克，根据以往的经验，兽医立刻对它们进行了驱虫治疗，保证了它们的健康。3 个月过后，"滨滨"和"圆圆"的体重分别增长到 82.7 千克和 95 千克。[③]

1973—1974 年，兽医孙明玖全面总结了北京动物园大熊猫疾病防治多年的实践经验，撰写了《大熊猫的疾病与防治》一文，与欧阳淦和叶掬群的文章一样，以北京动物园的名义发表在 1974 年第 20 期的《动物学报》上。

《大熊猫的疾病与防治》一文对大熊猫常见的消化道、呼吸道、寄生虫感染和癫痫四大主要疾病做了十分详尽的阐释，包括发病原因、易发群体、各种症状、病情发展过程、防治原则、检测与治疗措施、预后效果、治疗中出现的主要问题、病理解剖结论，以及对相关疾病的防治建议等，还对大熊猫的子宫炎、睑缘炎、骨髓炎等一些特殊病案做了叙述。该论文成为当时其他单位防治大熊猫疾病工作的重要指导。

为了摸清大熊猫的营养代谢规律和消化不良原因，长期以来，北京动物园的工作人员一直坚持对大熊猫排黏液的现象进行观察，总结发现人工饲养环境的大熊猫"没有一只大熊猫不排黏液"的现象；并发现有些大熊猫排出黏液后，不需要治疗，腹痛、食欲和精神不佳症状便自动消失了。因此，一些工作人员认为既然大熊猫排黏液是普遍现象，并且有些个体没有经过治疗就恢复了，那么也许排黏液就不是病理现象，而是生理现象，有可能是大熊猫适应食竹习性演化出的一种生理反应。同时，北京动物园的工作人员还对大熊猫的黏液进

① 北京动物园，1998. 北京动物园文集 [G]. 北京：中国农业大学出版社．
② 北京动物园档案资料。
③ 北京动物园档案资料。

行了深入的观察和采样分析，结果发现：大熊猫排出的黏液有很多性状和质的不同，有透明、灰白、杏黄色的，还有带血丝的；而且每个大熊猫排出黏液的量、时间，以及排黏液时腹痛、精神不佳的表现差异很大。经过化验发现，前两种黏液里没有检查出炎症细胞，后两种黏液里有炎症细胞；同时发现，大熊猫黏液的成分中，有68.1%竟然是蛋白质。这说明了什么？当时工作人员还没有办法弄清大熊猫黏液生成的途径和原因，只是观察到大熊猫排黏液与竹子的质量和食竹量有着直接的关联。①

为了进一步弄清大熊猫精粗饲料配比与排黏液的关系，1973—1976年，北京动物园组织技术员开展了相关的试验研究。试验将大熊猫分成两组进行，一组粗饲料配比高，另一组则精饲料配比高；并将试验结果与近20年的饲养观察记录相结合，进行了大量案例分析，总结出了圈养大熊猫排黏液与饲料之间的关系。首先，黏液性质与精粗饲料比例有关，食用粗饲料配比高的大熊猫排出黏液的次数较少，黏液是透明和灰白色的，均属正常范围；而精饲料配比高的大熊猫排出黏液的次数较多，则易排出有炎症的黏液，说明青粗饲料有利于大熊猫的健康。其次，排黏液与大熊猫的个体因素有关：食竹量较大的雄性大熊猫和从野外引进1年左右的大熊猫排黏液的频率高；食物转换期的幼年大熊猫，无论是周岁前还没开始食竹的幼仔，还是周岁后开始学习食竹的幼仔，均有排出正常黏液的现象。说明大熊猫排黏液量与食竹量有着密切相关关系，排黏液应该是应对食竹习性的生理反应。但是，仍无法解释大熊猫排黏液时出现的腹痛、精神不佳、不思饮食、蜷卧不动等现象。②

那一时期，面对雄性大熊猫不发情的状况，北京动物园的工作人员开始意识到，对待雄性大熊猫不光需要特殊喂养，可能还需要采取其他措施提高它们的"性"趣和生殖能力。为了摸索解决办法，1974—1975年，北京动物园尝试着用集中饲养雄性大熊猫的方式探讨雄性不发情的原因和培养种公兽的方法。③这也是国内动物园在大熊猫繁殖的问题上首次将培养种公兽付诸实践，并开启了长达十数年的培养种公兽的探索。

20世纪60—70年代，随着北京动物园输入输出大熊猫数量的增多，建立大熊猫档案的工作也得到了有条不紊的延续。④从圈养大熊猫的发展史中不难看到，北京动物园建立的大熊猫档案，为日后圈养大熊猫种群管理，甚至为再后来的大熊猫遗传多样性研究的开展，均奠定了坚实的基础。

---

① 叶掬群工作日记：大熊猫在人工饲养下排黏液现象的观察。
② 叶掬群工作日记：大熊猫在人工饲养下排黏液的规律、北京动物园档案资料。
③ 北京动物园档案资料。
④ 北京动物园档案资料。

不可否认，人类认识的发展从来不是一帆风顺的，而是一个漫长的过程，在没有探索到自然规律之前，不确定、失败向来是无法抗拒的。北京动物园探索大熊猫生命奥秘的过程也同样如此，尽管经历了漫长的摸索，但20世纪80年代之前，由于没有完全破解大熊猫生物学特性，失败总是多于成功。有时候，奋斗了数年终于向认知大熊猫的道路上迈进了一步，但转眼间会因一次失败让前行的步伐骤然停滞，甚至退回原点。1973年5月，雌性大熊猫"英英"在繁殖的过程中被雄性大熊猫咬伤了臀部，虽然进行了积极处置，但由于治疗手段跟不上，伤口很快恶化，并变成了皮肤癌。7月23日，兽医对"英英"进行了手术，但由于麻醉不过关，"英英"死在了手术台上。1974年7月，一向健康的大熊猫"莲莲"突然出现了精神不振，治疗无效死亡，病理解剖结果是脑水肿。1976年4月，大熊猫"强强"出现了消化不良，体重因而不断下降，10月底又出现了腹痛、呕吐现象，几番诊治不见效果，最后于11月30日死亡，解剖诊断是出血性胰腺炎。[1] 在兽医那里，每每遇到的大熊猫病症，大多数是新情况、新问题，每个新问题的来龙去脉又总是让人摸不到头脑，进而治疗上束手无策，总不见效。更无奈的是，这样的局面仿佛没个尽头！

面对一只只活泼可爱的大熊猫离去，面对一次次无奈的失败，兽医和工作人员无不痛心疾首，这种一个接着一个的打击无论如何都叫人难以承受。虽说这种急风暴雨般的打击是每个开创者必须面对和承受的，但同时不能不承认，如果没有长期在艰苦环境中磨砺的经历，如果没有对探索科学充满了信心和热情，谁又能够承受得起这般周而复始的挫折和沉湮没希望的失败呢？

---

① 北京动物园档案资料。

第三章

破入大熊猫秘境的
铁壁之门

全国科学大会获奖证书（1978年）

一、蓄势待发，开创先河

　　1978年，是中国再次改写历史的一年，党的十一届三中全会吹响了改革开放的进军号，开启了社会经济大变革、大发展的新时代。这一年，也是北京动物园历史上重要的一年，北京动物园多年的大熊猫及珍贵动物繁殖工作成绩斐然，获得了1978年全国科学大会奖。同年，北京动物园进行了首次大熊猫的人工授精试验，并一举获得了成功，探索出一条圈养大熊猫种群增长的新方法、新途径，并且由此进入了一个用现代生物技术引领大熊猫饲养繁殖的新时

李长德园长

期。如果说实行改革开放是中国摆脱经济发展严重滞后的唯一出路，那么采取人工授精辅助大熊猫繁殖则是大熊猫扩大圈养种群的唯一出路。

或许有些人会质疑，第一次开展大熊猫的人工授精试验便能成功，一定是撞上了大运。倘若了解一下科学发展史就会清楚，科学的发展是有规律的，没有哪项科学试验是靠运气取得的。如果没有日积月累的钻研，没有系统知识与技术的积淀，怎么可能一次试验就成功达到知识、技术、工具、操作等步骤的完美结合！因此，北京动物园首次开展人工授精便成功繁殖出大熊猫，其实是多年蓄势迸发出来的成果，只不过它借助了一个契机、一个引擎和与之匹配的能量。

在开展大熊猫人工授精试验之前，北京动物园已经在饲养繁殖大熊猫方面积累了丰富的经验，并且取得了不少骄人的成绩，但依旧没有走出大熊猫因雄性不发情问题导致配种难的窘境，扩大圈养种群依旧举步维艰。虽说全国各动物园之间建立了密切的交换与协作关系，但奈何能配种的大熊猫公兽寥若晨星。不仅如此，尽管各动物园之间积极开展易地配种、联合繁殖，不错过每年的繁殖机会，却很难使配种工作有效完成。因为，雌性大熊猫的发情期很短，一般只有 3 天左右，当有发情表现时，首先需要联系火车运输，常常是把发情中的雌性大熊猫送到种公兽所在地时，就已错过了最佳配种时间点，并且串笼、运输造成的应激反应，对新环境的不适应等，都会影响配种工作。因此多年来，尽管易地自然交配繁殖有成功的案例，但也是远水不解近渴，不是解决问题的长久之计。[1]

那一时期，全国圈养大熊猫的繁殖工作几乎陷入寸步难行的僵局。北京动物园的领导整天想得最多、也最为焦虑的就是如何破解雄性大熊猫不能繁育的问题。时任园长李长德每到一个班组察看情况时，都要和那里的技术员、饲养员聊聊对繁殖大熊猫的想法，也不管对方是否饲养过大熊猫。1977 年 9 月的一天，李园长来到犀牛馆了解动物的饲养情况，就和那里的工作人员闲聊起来。他问道："公大熊猫老不发情，有什么办法没有？"在场的技术员刘维新没多加思考顺口说："不行就人工授精呗，反正繁殖杂交家畜不就靠人工授精吗？"李园长听了立刻露出惊讶的表情，显然，人工授精这等事是李园长第一次听说。

————————————

[1] 北京动物园档案资料。

刘维新先生在采访中回忆道："那天过后，就把和领导聊天的话题忘了，万万没想到，自己随口说的一句话竟让领导那么上心，不到一个星期李园长就专门找到我，想详尽了解人工授精是怎么回事。"刘维新先生坦言，自己是学动物生理的，对人工授精了解并不多，所以仅用半篇稿纸粗略地介绍了人工授精的原理，便交给了园领导。更让刘维新没有料到，这一纸简介竟引来一场争论。在那个时期，人工授精技术在畜牧业上使用较多，杂交技术是进行新品种改良的重要手段，许多地方都有奶牛场进行奶牛的人工授精，提高奶牛的繁殖率和产奶量。有关野生动物的人工授精，听说国外有做的，但是没有见到过资料，也没有考虑过实际应用。北京动物园连技术员也没有几个人真正了解人工授精技术的，所以针对是否给大熊猫做人工授精的争议很大。在大家眼里，野生动物就是靠自然交配繁殖的，人工授精技术不适用。更何况野生动物种类那么多，差别很大，特别对大熊猫的生理结构都不了解，且不说园里从未有人操作过，上来就给国宝大熊猫做人工授精，风险太大了。

然而，尽管争议不断，1个月后园领导还是决定冒风险一试。

1977年10月，园领导决定将分散到各饲养班组的技术员集中起来，组成科教组和科研组：科教组负责园内职工的业务教育，提高职工的基本知识水平；科研组则集中解决动物饲养和繁殖中的难题。动物园把此想法向北京市园林局做了汇报。1978年1月，北京市园林局正式批复动物园成立科研组，并分成3个工作组：珍稀兽类繁殖研究组，负责人刘维新，成员3人，主要任务是研究大熊猫人工繁殖及人工授精；鸟类饲养繁殖组，负责人李福来，成员3人，主要任务是研究非洲鸵鸟、鸸鹋、食火鸡的繁殖及机器孵化，提高幼雏的成活率；饲料与营养组，负责人王金俊，成员4人，主要任务是研究饲料配方和研制野生动物的颗粒饲料。[1]

在访谈的过程中，刘维新先生十分感慨地说："我们应该感谢时任动物园领导，他们如果没有集思广益的领导作风，没有敏捷而长远的领导思维，没有果断而担当的领导魄力，就不可能在那样的年代，在生物技术十分落后的条件下，做出搞大熊猫人工授精那样前瞻性的决策。"

1978年的1月7号，人工授精繁殖大熊猫课题正式立项，公园抽调园内最顶尖的技术人员，成立了大熊猫人工授精科研组，成员包括刘维新（北京大学生物系遗传专业）、叶掬群（北京大学生物系生理专业）、廖国新（武汉大学生物系生物专业）、李成忠（北京农业大学畜牧系畜牧专业）、郑锦璋（北京农业大学兽医系兽医专业），刘维新是项目负责人。[2] 此时距离北京动物园大熊猫

①北京动物园档案资料。
②北京动物园档案资料。

李成忠先生（2023 年）

的发情季只剩下 3 个多月的时间。

那样短的准备期就想干成一件前所未有的大事，怎么可能？即便在生物技术高度发展的今日也是难以想象的。这些课题组的技术人员熟悉大熊猫的生殖生理特征吗？做过大熊猫的麻醉吗？采集过野生动物的精液吗？了解如何保存精液吗？知道什么情况下怎么给母兽输精吗？……答案几乎全是否定的。那么课题小组成员哪来的勇气进入一个高难的未知领域？又哪来的胆量承接压力如此巨大的工作担子？要知道，如果试验失败，同样会震动整个动物园界。

对于当时面对的现实，刘维新先生很坦诚地说："困难的确比想象的大得多。那个时候，只听说有给家畜做人工授精的，做野生动物的人工授精连发达国家都为数不多，我们仅看到过给狼采精的资料。在我们国家，只有广东省的一个研究所做过鹿的人工采精。同时，那时国际交流有限，有关野生动物人工授精的国外资料几乎找不到。园领导倒是全力支持我们，但一开始也只能为我们准备一间只有办公桌的办公室。因为，连我们自己都搞不清楚如何配置人工授精所用的设备、用具。"

虽然人工授精繁殖大熊猫的新设办公室一无所有，但项目的技术员们并没有受限于眼下的条件，毕竟那个时代的人们习惯于"没有条件创造条件也要上"的工作作风。他们只想着，要抓紧时间了解和掌握人工授精技术，首先弄清自己缺什么？该准备什么？要学习什么？项目组成立后，项目组成员根据各自的专业特点进行了简单的分工，分头查找资料、联系单位。

技术人员李成忠联系到北京市农林科学院资料室查找人工授精资料，了解有关精液的检验、处理、保存等资料。结果，有关野生动物的相关资料非常少，仅仅查到灵长类动物电刺激采精，非洲象采精、精子活力和精液保存，犬冷冻精液的使用和进展，斑纹马采精技术，黑猩猩人工授精，狼用冷冻精液输精成功等资料。刘维新得知，1969 年，英国曾经给当时在莫斯科动物园的雄性大熊猫"安安"进行过一次人工采精，但因精液储藏不过关没有成功，史上第一次大熊猫人工授精试验在精液处理这一关就宣告失败了。[1]

---

[1] 北京动物园档案资料。

了解到基本的资料后，大家经过讨论分析，认为开展人工授精工作必须先解决和掌握两个关键性的技术：采精方法、输精操作方法和动物麻醉方法。任务明确后，项目小组成员便又分头去做准备。

动物直肠电刺激采精简报

广东省昆虫研究所动物研究室
广 州 动 物 园

电刺激采精是一种较为简便又安全的人工采精方法，它对于开展某些动物的人工繁殖、杂交等方面有着一定的意义。我们采用直肠电刺激，对梅花鹿、马鹿、驯鹿、家猪等不同动物，共进行了16次采精试验，效果良好，其精液品质将合格要求。

一、电刺激采精器

电刺激采精器包括电刺激器和直肠探子两个部分

（图1）。

1. 电刺激器的主要技术参数：电源电压为220（伏），可调频率为20～60（赫兹）；输出波形为正弦波；输出可调电压为0～20（伏）；输出电流为0～1,000（毫安）。

2. 直肠探子：利用一根弧剑型，其直径随试验动物的不同种类而定，上面绕有1～6个固定的互相绝缘的金属环，由两根导线分开接引出，并由插头接与制激器的输出插座相连接（图2）。

图1 电刺激采精器

几种动物直肠探子的规格见表1。

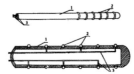

二、采 精 方 法

1. 动物保定：小动物用固定笼或固定皮保定。对梅花鹿等用氯化琥珀胆碱麻醉保定，梅花鹿、马鹿每公斤体重为0.09～0.1毫克；水鹿每公斤体重为0.04～0.05毫克。

2. 灌肠及清洁包皮：用中性肥皂水灌肠，排净直肠内粪便，并将包皮附近的被毛剪净，然后拭干，再用生理盐水洗涤一次。

3. 采精：由肛门将插入直肠探子。插

1977 年动物直肠电刺激采精简报

人工采精输精操作中，精液的处理技术也非常关键。李成忠通过北京北郊农场的同学联系到北郊农场种公牛站，去那里学习精液保存、处理方法，特别是学习精液冷冻处理技术和方法。3 位技术员首先来到北郊农场种公牛站观察学习，看看人家采精后精液怎么处理，最后又是怎么进行人工输精的。

通过交流、学习，大家对人工授精、精液处理等技术有了进一步了解。技术员们系统梳理了人工采精输精技术，制定操作程序。大家熟悉了各种操作程序后，进行人员分工。根据几个人的情况，讨论确定由刘维新操作采精棒，李成忠负责控制采精控制器，叶掬群负责接收精液。参照广州厂家提供数据，动物园职工自己研制一套采精棒，开始用其他动物演练，先后用兔子、猴、狼、黑熊等动物做试验，连续做了几十次的人工采精授精试验。刘维新先生十分感慨地说："用其他动物进行演练的过程，让我们对人工授精的操作认识跨越了一大步，熟悉了每一个操作步骤，有了切实的体会，特别是手感很重要，加深了对每一个技术环节的理解，并且从中积累了不少数据和经验。"

对北京动物园来说，麻醉问题始终是饲养管理工作的重要技术保障，因此早在 20 世纪 60 年代初，园里就将野生动物麻醉确立为重要课题。然而，一方

刘维新、李成忠负责了解和掌握人工授精操作的技术。李成忠回忆："当时听说广东省昆虫研究所动物研究室与广州动物园在联合做鹿人工采精试验，正好广州动物园负责动物交换的梁佩全师傅来北京出差，就通过梁佩全师傅联系到广东省昆虫研究所动物研究室，联系好后，园里派我和刘维新专程到广州学习。他们详细介绍了给鹿人工采精技术和精液存储，并给我们观看了操作过程。这次学习，给我们后来开展大熊猫人工采精工作很大的启发，可以说是我们进行大熊猫人工采精的启蒙教育。"

北京动物园自己设计制作的第一代采精棒

面，由于适用于动物的麻醉药种类少，仅有的麻醉药对野生动物的适用性差；另一方面，各种动物之间对麻醉药的适用差别很大，原本在一种动物身上获得较好保定效果的麻醉药，对另一种动物就效果不好，甚至麻醉过深，在一次对大熊猫的试用中还是失败了。[①]事实一再警示兽医和技术员：给大熊猫麻醉的风险要高于其他大多数野生动物！其中的原因就在于大熊猫太过珍贵，轻易不敢用其做实验，积累的数据和经验很少，根本无法开展有针对性的剂量和安全性评估试验。负责选择大熊猫所需麻醉药的兽医郑锦璋回忆："既要安全，又要适宜的用药量，时间短，难度大。"

兽医郑锦璋先生回忆道："20世纪70年代中期，北京大学研制出了一种名为氯胺酮的新型麻醉剂，对许多野生动物都有效。这让北京动物园看到了给大熊猫麻醉的希望。现在氯胺酮归类为毒品，可那时它是非常好的麻醉药，因为当时国内很少有那么小的剂量就能对动物实施麻醉的药品。很幸运，领导非常支持我们。1977年，我们费了很大周折买到了一些氯胺酮，然后自制蒸馏水配制注射液。因为没有用过，根据有限的说明书和参考资料，设计出每种动物的使用剂量，再经过各种动物的试验获取数据。一开始，我们在犬、羊等不同类家畜身上试验，试验取得较好效果后，又在狐狸、狼、黑熊等野生动物身上继续试验。工作非常小心，虽然出现了麻醉作用不到位或麻醉过深情况，但是试验没有引起一起动物死亡的事故。通过试验我们掌握了氯胺酮的使用剂量，但同时也认识了它的副作用。氯胺酮的副作用主要是动物实施麻醉后，肌肉强直，四肢甚至全身是僵硬的。这怎么行啊，身体僵硬还怎么给大熊猫做人工授精？而且也不知道这个副作用会不会影响大熊猫的健康。所以，必须对氯胺酮的安全性和风险性进行评估，否则无论如何也不能用在大熊猫身上。我们花费了很长时间进行分析和研究，最后终于掌握了氯胺酮麻醉的原理、特点及产

漫漫求索路　殷殷国宝情
——北京动物园大熊猫易地保护研究纪实

---

① 北京动物园档案资料。

生副作用的原因。"[1] 与之前用过的麻醉药不同，氯胺酮是选择性抑制大脑新皮层和联系经络的，因此对脑干网状结构的影响较小，产生麻醉迅速、药效短；并且上百例的动物麻醉试验也表明，用氯胺酮给野生动物麻醉，保定作用可靠，死亡率低。不过，氯胺酮副作用也不可小觑，动物用药后易产生肌张力增高、骨骼肌群痉挛，以及心律加快、血压上升等不利因素。[2] 如果进行大熊猫等珍稀动物的麻醉，就必须在减轻氯胺酮副作用上下功夫。

郑锦璋先生（2019 年）

此时，开展大熊猫人工授精的课题计划已经敲定，时间紧迫，兽医们必须尽快拿出较为安全的麻醉方案来。有了基础麻醉经验，但不知道操作中电刺激对大熊猫麻醉刺激的影响。

后来，为了减轻氯胺酮的副作用，兽医们进行了多次讨论，认为应该找出一种能够减轻副作用的药物配合使用。他们想到，安定的镇静作用或许能产生缓解肌肉强直痉挛的功效，于是决定用氯胺酮与安定联合在一起试试。郑锦璋先生回忆道："开始用安定配合麻醉的试验效果并不理想，安定的药效发挥慢，氯胺酮起效快，要好长时间才能缓解僵直的问题。后来我提议，先打安定，过5分钟后再打氯胺酮，结果试药后效果非常好，动物强直现象减轻了很多。因为时间不等人，我们的试验必须尽快转移到大熊猫身上。我记得第一次给大熊猫麻醉就在园里五塔寺（现在是石刻艺术博物馆，文物单位，那时五塔寺是动物园的一个饲养班组）那个饲养场，说真的，第一次试验仍然感觉心里没底，又紧张又担心，饲养队队长李扬文帮助我们拿药盘子。试验之前，我们对氯胺酮与安定的配比、剂量做了进一步的确认，没想到一次试验便成功了，首次实现了复合麻醉的效果。"这次试验开创了野生动物复合麻醉的先例。

局外人一定以为，在如此短的准备期内，做了那么多例次人工授精的试验，技术员们一定对即将开展的大熊猫采精输精胸有成竹、胜券在握了。然而，刘维新先生却毫不隐讳地说："动物试验不可能是一帆风顺的，我们做了几十例的试验，并非每一次都是成功的，有的动物可以采出精液，有的动物就是

第三章　破入大熊猫秘境的铁壁之门

---

[1] 郑锦璋访谈记录。
[2] 北京动物园，1998. 北京动物园文集 [G]. 北京：中国农业大学出版社；郑锦璋访谈记录。

采不出来，还有的动物虽采出了精液，过程却十分曲折。每种动物的生殖器官结构都有其各自的特点，试验过程中，电流、电压的设定和调试，采集器的把握及探进的深度，每种动物都不一样。同种动物也会因各种原因，在体质、耐受力、精液质量等方面产生差异，这些都影响着每一次试验的效果。"为了减少大熊猫人工采精的不确定因素，确保对大熊猫采精、输精的操作一次成功，技术员总结动物人工授精演练中的经验和教训，又反复查看和研究了大熊猫的解剖资料，加深对大熊猫生殖生理及器官结构特点的了解，制定了大熊猫人工采精详细的操作过程，及各个环节的注意事项。

人工采精的技术、设备准备很重要，健康动物的准备是基础。人工授精小组中的两人一直从事大熊猫的饲养繁殖工作，深知保障大熊猫身体健壮对促进发情的重要性，因而在课题组成立之初，就制订出了"提高大熊猫身体素质，促进种公兽发情"的计划。[1]人工采精需要实施电刺激，虽然设计的刺激负荷在大熊猫生理耐受阈值范围内，但需要全身麻醉，如果大熊猫的体质偏弱，不仅不易把握电刺激的强度，而且风险也会增大。[2]因此，在整个试验准备的过程中，大家一直十分重视雄性大熊猫的营养和健康状况。

那一时期，北京动物园圈养的大熊猫中，成年雄性共有4只，但要把它们作为当年繁殖的种公兽，情况却不容乐观。"青青"当年10岁，是北京动物园1968年自繁成功的大熊猫，体格硕大，体重达到了145千克，按说应该能成为最好的种公兽。然而，自"青青"进入成年以来，就从未有过发情表现，技术员甚至采取了特殊措施也无济于事。[3]因此，"青青"一开始就被排除在重点繁殖对象之外。雄性大熊猫"楼楼"12岁，1977年2月来到北京动物园时体重只有75千克，并且不爱吃动物园为它提供的竹子，为此饲养员没少想办法，多种措施结合喂养了大半年总算长了10千克，不过，要想成为繁殖种兽，85千克体重还是显得太单薄了。雄性大熊猫"宝宝"8岁，之前曾经出现过发情迹象，但没有成功交配过，95千克上下的体重算不上十分强壮。雄性大熊猫"滨滨"7岁，体重接近100千克，有过发情表现，是园内4只成年雄性大熊猫中最年轻、最活泼的一只，也是1978年大熊猫成功繁殖的希望所在（1979年3月"滨滨"作为国礼送给了朝鲜）。[4]技术员们认为，要想增强这帮成年雄性大熊猫的体质，首先就得设法在2~3个月内提高它们的体重。

小组讨论分析了成年雄性大熊猫的现有饲料，认为饲料中营养成分欠缺，而最有效的弥补办法就是多提供新鲜青饲料和增加动物性蛋白。受经费、运输

---

① 叶掬群工作日记。
② 刘维新访谈记录。
③ 北京动物园档案资料。
④ 北京动物园档案资料。

方式等条件的制约，北京动物园直到 20 世纪 80 年代后期，依然没有条件在冬季供给大熊猫新鲜竹子。不过，大家提出从南方给繁殖大熊猫购买竹笋的要求后，园领导二话没说就特批了这个"昂贵"的菜单。终于，"1978 年 3 月 11 日开始，4 只成年雄性大熊猫吃上了竹笋和动物性蛋白。"①

进入 1978 年 3 月的中下旬，参加当年繁殖的 4 只雌性大熊猫"芳芳"（10 岁）、"涓涓"（8 岁）、"婷婷"（年龄不详）、"川川"（6 岁）② 相继出现了阴部泛红、渐肿的发情征兆。到了 4 月初，雌性大熊猫的发情行为愈加剧烈，戏水、蹭阴、排尿，活动量大增，有的甚至颤叫不止。特别是"川川"，"开始进入发情高潮，一直在走动、哼哼、颤叫，虽下着雨也很少休息，靠近雄性圈舍，不停地在它们面前打滚，想亲近它们。"③

4 只雄性大熊猫吃了半个多月的种公兽特餐（动物性蛋白和新鲜竹笋），体重都有所增加，"宝宝"和"滨滨"的体重分别增加到 102 和 104 千克，"青青"达到了 148 千克。④ 但它们的发情状况并没有因此得到改善，面对母兽的盛情邀请，雄性大熊猫依然毫无表示，有的只顾着闷头吃，有的看到母兽接近自己的兽舍甚至还发出不友好叫声。虽然"楼楼"的体重变化不突出，但唯有它的生殖器官显露出来一些，大家决定自然交配的任务只能落在它身上了，并适时进行了合笼。雌雄合笼的结果不出人所料，雄性大熊猫"楼楼"完全没有交配的意愿，惹得母兽"川川"非常扫兴，干脆连交配抬尾的姿势都没做。⑤

到了 4 月中旬，雄性大熊猫还是没有一点发情的动静，看来自然交配又指望不上了。大家十分清楚，时间已经十分紧迫了，必须马上开展人工授精的试验，否则错过了雌性大熊猫 2~4 天的发情高潮期，当年的繁殖任务又完不成了。一直待命的技术员和兽医立刻做好麻醉和人工授精的各项准备，麻醉药和急救药物、急救装备、采精器具、精液检测仪器、冷藏设备……所有操作和应急的用具、药品一应俱全。然而，大家的心情仍然是忐忑不安的，复合麻醉药能否满足人工授精的要求？设计的电刺激条件是否合适？羊的采精器具是否适用于大熊猫？一连串的不确定扰动着首次试验的气氛。

这是首次对大熊猫进行麻醉电刺激采精，大家非常慎重，虽然有其他动物操作成功的经验，但是对大熊猫还是心里没底。大家商量，决定选用雄性大熊猫"宝宝"当采精试验的"第一炮"。这是个保全的想法，"宝宝"不是今年参与繁殖的主要对象，个头小，体质也比不上其他雄性大熊猫，万一不成功也不

---

① 叶掬群工作日记。
② 叶掬群工作日记；北京动物园档案资料；刘维新访谈记录。
③ 叶掬群工作日记；北京动物园档案资料。
④ 北京动物园档案资料。
⑤ 叶掬群工作日记；北京动物园档案资料。

1978 年首次给大熊猫进行人工采精

至于影响今年的繁殖工作。①

　　1978 年 4 月 18 日，一大早大家就根据分工开始准备，早上饲养人员提前把动物串进操作兽舍，其实前一天晚上饲养人员给动物停喂了所有食物；兽医郑锦璋、孙明玖、许娟华准备了麻醉药和急救药、氧气等急救设备，赶到现场；技术人员在科研组办公室准备好了显微镜、精液稀释液等，然后把采精设备运到现场。根据分工，由刘维新负责操作采精棒，并负责清理大熊猫肠道残留物；李成忠负责控制电压控制器；叶掬群负责采收精液。

　　首次大熊猫人工授精是个大事，那一天前来"观战"的人真不少，李长德园长也赶到现场，好多部门的领导都来了。看到眼前喧闹的阵势，园长一边宽慰技术人员："细心操作，不要紧张"，一边又告诉大家："现场谁都不准出声！"②刘维新先生回忆起当时的情景时说："第一次给大熊猫采精，我并不紧张，做了几十次试验心里还是有谱的，但在确定电刺激强度的问题上心里还是在打鼓，生怕把握不准，刺激强了怕影响大熊猫的健康，刺激弱了又怕精液出不来"。技术员又反复查看了之前的试验数据，选出了一个认为合适的电刺激强度。

　　18 日上午 8:30，人工授精工作正式开始操作，兽医根据动物体重计算好药物剂量，郑锦璋亲自注射麻醉药物，麻醉过程非常顺利，"宝宝"很快进入麻醉状态。饲养员很快靠近，调整动物呈仰卧姿势，固定好头部，捆住四肢。李成忠也摆放好采精控制器，连接好采精棒；刘维新拿起灌肠器，清理干净"宝宝"直肠内残留的粪便，然后插进刺激棒放好位置；叶掬群清理"宝宝"

① 刘维新访谈记录。
② 刘维新访谈记录。

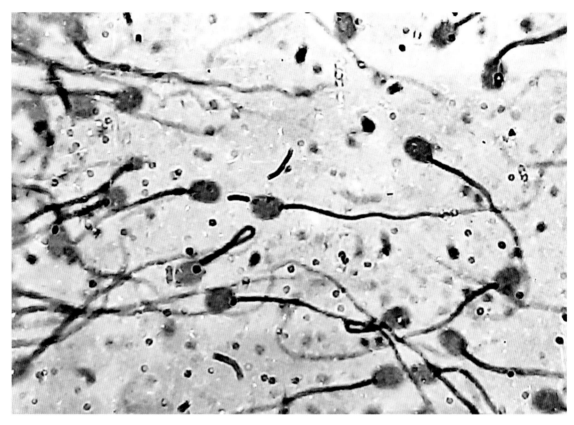

1978 年第一次在显微镜下看到大熊猫的精子

的阴部毛发，清洗消毒阴囊部皮肤，准备好了集精杯。所有的准备工作到位后，刘维新宣布工作开始。没想到按设计的电流一操作，"宝宝"阴茎很快勃起、露出阴茎头，随即射出了精液。叶㧟群惊喜地喊道："采出精液了！"看到集精杯中那点乳白色的液体，大家紧绷的心脏像是瞬间解除了捆绑，每个人甚至都能听到自己"砰、砰、砰"的心跳声。毕竟是第一次给大熊猫采精，大家首先要保障的是动物安全，结果令人兴奋。

令人兴奋的还不止于此，技术员马上把精液送回到实验室，进行镜检和稀释处理。精液镜检的结果显示，精子的活力很强，直线前进的精子比例很高！接下来的操作也非常顺利，无论是精液的常温保存，还是低温处理都做得十分到位。由于没有冷冻精液的处理经验，担心第一次冷冻后精液质量难保，技术员们决定将"宝宝"的新鲜精液当即输给了雌性大熊猫"婷婷""川川"和"芳芳"。①

————————————

① 刘维新访谈记录；叶㧟群工作日记。

1978年第一次给大熊猫进行人工授精

麻醉采精、输精工作完成后，大熊猫很快恢复了正常，都在用药后的30~40分钟后，苏醒、精神、活动没有受到影响。

多少年过去了，郑锦璋先生想起当年麻醉药试验工作中的气氛仍然记忆犹新，他说："没有哪次试验像大熊猫人工授精那次那么紧张过，首先是开展试验的时间太紧，我们必须在实施人工授精前拿出可靠的方案来；其次是麻醉持续时间拖得太长，从动物保定准备，到精液处理，特别是动物要在仰卧姿势下进行操作，如果动物出现呕吐，风险会进一步加大。何况在麻醉中接受电流刺激，是否会有影响还不清楚。当时我们一直紧张到最后安全实施了人工授精才松口气。"

不过，在输精的环节上还是出现了意想不到的情况。刘维新回忆到："大熊猫的解剖资料中没有详细记载下来阴道内的结构，发情期雌性大熊猫的整个外生殖器官变得又红又肿，几乎封闭了阴道，开膣器插进去挤压后，肉眼很难辨清尿道和子宫颈外口；而且，打开雌性大熊猫的阴道后才发现，它们的尿道腔口距离子宫颈外口非常近，羊用输精器与大熊猫的生殖道完全不匹配，结果无法将精子精准地输送到子宫，很多精液都反流回了阴道里了。"[1] 所以，做大熊猫的人工授精除了要熟悉掌握它们的生殖器官结构及特点外，还需要较多地积累操作经验，因为它们的生殖器官和生殖生理确实与其他动物不一样。

4月20日，技术员们再次对雄性大熊猫"宝宝"和"滨滨"实施了采精，进行精子镜检；4月24日又继续给雄性大熊猫"楼楼"实施了采精，两次采精均获得成功。但是，精液镜检结果却出乎意料，看似体格壮实的"滨滨"和"楼楼"，其精子的活力竟与"宝宝"的相差甚远，甚至还不及后者的一半！这一现象打破了技术员以往对大熊猫体格越壮繁殖能力越强的认识。[2]

4月24日，雌性大熊猫"涓涓"出现了发情高潮，根据经验，大熊猫的自然交配只有在雌性大熊猫发情高潮期的2~3天后，才是成功受孕的最佳时点，这个时间应该是"涓涓"输精的最佳时期。同时，在前几天输精时，技术员就发现"涓涓"和"川川"的发情状态不够理想，不是没有达到最佳状态，就是发情行为已减弱。24日，技术员首先将刚采到的"楼楼"的新鲜精液输给了"涓

---

① 刘维新访谈记录。
② 叶掬群工作日记；刘维新访谈记录。

涓"和"川川"。25 日和 27 日又分别给"涓涓"输了"楼楼"和"宝宝"的精液。[1] 经过几天的操作，技术员的输精操作逐渐熟练，后来的几次输精没有再出现精液反流现象。

人工授精工作完成之后，技术员把整个操作过程进行了总结，特别是对雄性大熊猫出现的种种情况进行了分析。分析认为：雄性大熊猫睾丸的弹性和在阴囊内的状态影响了精子的活力。[2]，此次分析推动了多年后"促进圈养大熊猫遗传多样性"的研究，并进一步认清了遗传基因对大熊猫繁育能力所起的重要作用。[3]

1978 年世界首例人工授精繁殖成功的大熊猫幼仔"元晶"

到了 8 月下旬，几只接受人工授精的雌性大熊猫或多或少地出现了外生殖器官变化、食欲减退、不爱活动等产前反应。然而几天后，"婷婷""川川"和"芳芳"一个个又恢复了常态。[4] 以前，大熊猫配种后没有怀孕的现象曾多次出现，北京动物园的工作人员失望过，但这一次大家格外焦急，几个月来，每个人都期待着早日见到人工授精的成果。还好，大熊猫"涓涓"的产前症状并没有消失，所有的人把目光和希望都聚焦到了它的身上。

果然，"涓涓"的分娩表现日渐明显，1978 年 9 月 8 日，人工授精后第 130 天，在值班工作人员的注目下生下了有史以来第一胎人工授精的大熊猫新生仔，并且还是双胞胎宝宝。和以往一样，母兽"涓涓"仅带第一只出生幼仔，并成活；成活的小仔初生估重 120 克，为了纪念这项开创性工作，大家商量取名叫"元晶"，寄意为第一颗光明之星，同时还寓意着人工授精技术如同闪亮的启明星，为圈养大熊猫的繁殖技术开辟了新途径，具有里程碑意义。人工授精成功繁殖出大熊猫的讯息一下子轰动了全国，同时也惊动了世界，不仅全国各地的报纸争相报道，就连路透社、合众社、法新社、美联社、朝日新闻等国际重要

① 叶掬群工作日记；刘维新访谈记录。
② 刘维新，等，1979 大熊猫人工授精繁殖试验 [J]. 科学通报（9）：414—417.
③ 北京动物园档案资料。
④ 刘维新访谈记录。

证 书

获奖项目：大熊猫人工授精繁殖试验

获奖单位：北京动物园

奖励等级：叁等

奖励日期：一九八五年

国家科学技术进步奖
评审委员会

85-LY-3-0

国家科学技术进步奖证书 (1985 年)

媒体也相继登载了这个大喜讯。大熊猫首次人工授精繁殖成功的消息之所以产生如此强烈的反响，是因为，它让人们看到了大熊猫和其他濒危野生动物得以繁衍下去的希望，还因为，这一成功是将现代生物技术应用在大熊猫保护中的创举。首次人工授精还成功地开创了大熊猫麻醉状态下的电刺激采精法，以及精液的收集、处理和冷冻储存法等多项生物技术。首次人工授精的成果于1980 年被北京市授予科技进步二等奖，1985 年又被授予国家科技进步三等奖。[①]

二、势如激水，挟石勇进

首次大熊猫人工授精繁殖试验成功后，北京动物园认真总结经验和完善试验成果，同时，积极向全国及国外的动物园推广此项繁殖大熊猫的新技术。

在 1978 年的一年中，小组再接再厉，兽医继续采用氯胺酮加安定的复合麻醉法，对 9 只大熊猫实施了 20 次麻醉操作，掌握了氯胺酮的使用剂量、与安定的配伍和操作关键，并总结经验。兽医们还根据这些操作经验，总结出安全用药的细节。他们指出氯胺酮和安定的配合适用于大熊猫的体检和人工授精麻醉，麻醉时对于不同性别、不同个体大熊猫的用药剂量要有所不同，雄兽平均体重的用药量要稍大于雌兽，病熊猫的用药量需要更低，对其他动物的麻醉

漫漫求索路 殷殷国宝情
——北京动物园大熊猫易地保护研究纪实

---

① 北京动物园档案资料。

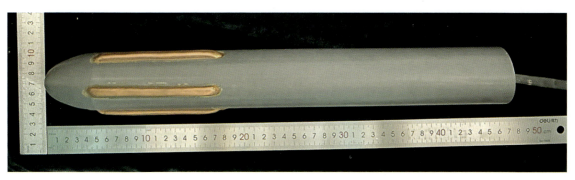

动物园研制的第二代大熊猫用采精棒

效果也很好，等等。[①] 人工授精小组则继续完善了精液采集操作技术、器具使用和精液储存方法。

动物园研制的大熊猫用集精杯

　　1978 年 6 月 3 日，小组再次对大熊猫"宝宝"和"楼楼"实施了采精，并对精子做了涂片、染色及质量的镜检，最后借用北京种公牛站的冷藏设施，将采集到的精液冻存于 −196℃ 液氮中。[②] 9 月 8 日首只人工授精繁殖的大熊猫诞生后，技术员们便开始全面总结人工授精的经验，10 月总结完成。总结报告详细地阐述了人工授精操作过程和技术要点，包括人工采精操作设备的结构、特点，采精、输精操作要领和相关的技术参数，雌雄大熊猫的身体、生殖器官的发情状态，以及精液的性状、常温处理和低温保存方法等。后来，将这些经验和数据整理成论文，发表在 1979 年第 9 期的《科学通报》上。之后，技术员刘维新继续总结实际操作中容易出现的问题，并撰写了《大熊猫人工授精的几个问题》，刊登在 1981 年《畜牧兽医学报》第 2 期上。[③]

　　这一阶段，动物园使用的羊用人工采精设备虽然能够采出大熊猫的精液，但是使用过程中发现采精棒的大小与大熊猫生殖道结构不匹配。因此，技术员们提出对人工采精的器具进行改进的建议。大家借鉴广东省昆虫研究所的鹿用采精设备原理，汇总设备使用和采精过程的经验及体会，结合大熊猫生理特点，讨论确定了大熊猫用采精棒的参数、形状，并把有关的数据给动物园电工师傅。电工师傅经过多次设计、试制，终于用树脂、铜丝制模设计制作出了长

---

① 北京动物园，1998. 北京动物园文集 [G]. 北京：中国农业大学出版社.

② 叶掬群工作日记；北京动物园档案资料。

③ 北京动物园档案资料。

度、直径适于大熊猫体型和生殖结构的采精棒，经过试验，效果很好。由此，我国第一代大熊猫用电采精棒诞生了，后来定制了集精杯，也对大熊猫的人工授精起到了关键作用。工程班的胡润生师傅还设计、加工成大熊猫适用的保定笼，在那个麻醉药品没有保障的年代，保定笼对大熊猫检查、治疗起到了非常重要的作用。值得一提的是，那时改进的大熊猫人工授精器具，有些一直沿用至今。①

人工授精成功繁殖出大熊猫，让动物园界看到了圈养大熊猫的曙光。1978年底，园领导决定在北京召开全国大熊猫人工授精技术传授大会，更让动物园界无比振奋。② 刘维新先生回忆往事时感叹地说："时任园领导是何等的远见卓识和胸襟宽广啊！如果是本位主义，没有大局意识，是做不出这般有远见的决策的。"

1979年3月，全国大熊猫繁育技术会议在北京召开，成都、上海、西安、南宁、广州等21家动物园的技术和管理人员聚集到北京动物园。在大会上，北京动物园大熊猫人工授精课题组的成员向与会代表详尽地介绍了有关技术理论和操作要领，认真地解答了代表们的提问，并且将课题组汇编的大熊猫人工授精资料分发给每一位来宾。③ 刘维新先生真诚地说："国内动物园第一次举办这么大规模的大熊猫繁殖技术推广会议，所以从园领导到我们每个人都很重视，并投入了极大的热情，毫无保留地将人工授精技术传授给同行，让中国的大熊猫兴旺起来，是我们每个工作人员的愿望。"

在此次大会后的很多年里，大熊猫人工授精成为许多单位的重要任务，北京动物园的技术人员也更加忙碌，多次派遣技术员到其他省市的动物园传授经验，协助当地开展大熊猫的人工授精工作。不仅如此，北京动物园还将大熊猫人工授精的技术资料译成英文，寄送给国外饲养大熊猫的动物园。1984和1985年，日本上野动物园先后2次派兽医到北京动物园学习大熊猫人工授精技术。1987年，朝鲜平壤动物园也派遣了3名技术员前来学习该项技术。④

1980年之后，大熊猫人工授精技术推广的效果陆续显现出来，成都、上海、广州的动物园，以及西班牙马德里动物园、日本上野动物园都先后采用人工授精技术繁殖出了大熊猫。⑤

然而，人工授精技术在北京开展得并不是很顺利。1979年北京动物园在雄

---

① 北京动物园档案资料。
② 北京动物园档案资料。
③ 刘维新访谈记录；北京动物园档案资料。
④ 北京动物园档案资料。
⑤ 北京动物园档案资料；刘维新访谈记录。

性大熊猫自然交配无望的情况下，再次对园内 4 只雌性大熊猫进行了人工授精操作，同时协助对外省动物园的 2 只雌性大熊猫进行了人工授精。结果只有外省的一只大熊猫成功受孕，本园的 4 只全部失败。[①] 动物园技术人员认真分析了人工授精过程的各个细节。分析认为：一是此次使用的精液没有问题，1978 年用的就是这几只熊猫的，本次精液检查，质量很好；二是此次输精时，母兽的体况及发情状况普遍没有达到理想状态；三是输精时间点把握得不准。平时动物活动量小、竹子供应不足、营养物质不全面等原因，造成母兽发情状况欠佳。另外，尽管多年来根据大熊猫发情行为、外生殖器官与分泌物的变化能够判断出大熊猫的排卵时间，但仍旧达不到精准水平。后来，技术员们对如何提高输精质量提出了相应对策：首先应该开展大熊猫排卵与授精的相关研究；其次在母兽输精前，采用公兽试情、注射促性腺激素等方式刺激母兽达到发情高潮。[②]

同时，1979 年的大熊猫繁殖工作还给技术员留下了一个巨大的问号。人工授精后，饲养管理进入正常轨道。8 月下旬至 9 月上旬期间，园内的 4 只授精雌性大熊猫相继出现了明显的产前征兆：食欲下降、阴门红肿湿润、舔舐阴门、敏感等；特别是大熊猫"婷婷"的反应很强烈，几乎听不得其他声音，连听到有人说话都不停地吹气、哼哼。看到这些表现，工作人员认为有些母兽肯定成功受孕了。可是，这些征状分别持续了 5~7 天后又都逐渐消失了。[③] 难道这次是几只母熊猫集体假孕？北京动物园的雌性大熊猫曾经多次出现过假孕现象，却没有找到原因。这次多只雌性大熊猫集体再现假孕现象，说明假孕或许不是偶发，有必要下大功夫研究。由此，把破解大熊猫假孕之谜列入北京动物园的研究范畴。[④]

1979 年人工授精繁殖大熊猫的工作失利，让北京动物园的工作人员提前开始了下一年度的繁殖工作准备。1980 年的新年刚过，繁殖研究小组就做出了增强大熊猫体质的工作计划。技术员叶掬群在她的工作笔记中这样写到："我们在饲料安排上，提早添加了动物性蛋白、微量元素和维生素，并提早从南方订购了竹子。但这一计划进展得并不顺利，订购的竹子近一个月的时间才到达，大多竹子已经干枯，配种大熊猫几乎都不吃。由于粗饲料摄入不足，大熊猫普遍出现了腹泻、排黏液的现象。由于担心在关键时期繁殖大熊猫的身体跟不上，工作人员想了多种补充粗饲料的办法，维持繁殖大熊猫的营养供给。直到 5 月 9 日运来的一批竹子中，才偶尔有一包竹子比较新鲜，所有熊猫都吃得很好。"

① 北京动物园档案资料。

② 北京动物园，1998. 北京动物园文集 [G]. 北京：中国农业大学出版社.

③ 叶掬群工作日记。

④ 北京动物园档案资料。

在技术员叶掬群的笔记中详细记录到，20世纪80年代，没有充足的新鲜竹子喂养大熊猫，依旧是制约北京动物园饲养和繁殖大熊猫的一大障碍。

由于青饲料的供给一直无法满足大熊猫的需求，1980年繁殖大熊猫的饲养环节也因而无法达到计划预期的效果。此时，因摄入精饲料较多，配种公兽"菲菲"的体重超出了理想标准，5月2号的体重是123.5千克；一直偏瘦的"楼楼"也长到了107.5千克。在整个繁殖季，园里所有的雄性大熊猫再一次没有出现发情迹象。[①]

4月底，雌性大熊猫"芳芳"和"岱岱"的发情行为愈发强烈，但是雄性的发情表现仍然不理想，不能进行自然配种，只能采用人工授精方法。为此，4月29—30日，大家连续给雄性大熊猫"楼楼"采精2次。镜检显示"楼楼"的精子很有活力，但采集到的精液量太少了，仅够给1只母兽输精。[②]

5月9日，大熊猫"岱岱"开始进入发情高潮，不吃东西、反复向着公兽抬尾，甚至一动不动地坐在相隔的门槛旁等待公兽。技术员知道，如果这时候能配种效果一定最好，现采精、输鲜精，受孕率一定很高。由于"楼楼"的身体出现了异样，不宜再采；"宝宝"5月7日刚采过，精液已经输给了11岁的雌性大熊猫"园园"，就剩"菲菲"没有采过。这时候，技术员叶掬群建议采集13岁的雄性大熊猫"菲菲"的精液，说："它太可恶了，不仅不发情，而且还不允许母兽碰它一根汗毛，甚至一听到母兽发情的颤叫就十分痛苦地吭叽！"兽医许娟华给"菲菲"打了麻药，麻醉很顺利。麻倒后技术员检查才发现"菲菲"的生殖器官竟然又小又短！见此状，大家几乎不再抱希望了。但是已经把动物麻醉了，不采也不行呀！不出所料，经过多次调试，也没采出精液来。[③]

为不错过母兽输精的最佳时机，技术员们只好忍痛再次麻醉，采集"宝宝"的精液。"宝宝"的采精过程和以往一样，阴茎勃起状态非常好，很遗憾，这次一滴精液都没采出来。[④] 如同在决定战役胜负的关键时刻突然没有了子弹，失望的情绪一下子笼罩了人工授精的现场，怎么办？怎么办？

新鲜的精液采集不到，难道今年又要白白浪费掉母兽发情高潮的难得时机？大家商议，不行可以用冷冻的精液试试，最后决定用储存在种公牛站的冷冻精液一试。这些精液还是1978年采集的，都冻存2年多了，谁也无法知道冻存于−196℃液氮中的精液解冻处理后还能保留多少有活力的精子。

① 叶掬群工作日记。
② 叶掬群工作日记。
③ 叶掬群工作日记。
④ 叶掬群工作日记。

饲养员白淑敏、闫国英在亮亮满月时称体重

有些时候，不顺利的事往往是扎堆发生的。那天去种公牛站取冷冻精液的工作人员一个多小时后打来电话说："种公牛站停电，人都不在。"听到这个消息大家一下子都急炸了，不行，不行！说什么也不能失去最后的机会。几番上下联系后，终于在当天下午取回了冷冻精液。紧接着，饲养员抓紧时间把大熊猫"岱岱"装进小铁笼准备打麻药针。平日里饲养员给大熊猫装笼是轻而易举的事，没料到，那天发情一整天的"岱岱"高度兴奋和暴躁，怎么也不肯进笼子，还差点咬伤了饲养员。输精的过程也进行得十分不顺，技术员将输精管伸进"岱岱"的子宫颈后，不知为什么精液流得特别缓慢，并且不少精液返流到了子宫颈外面。为了确保效果，技术员又继续用解冻的精液第二次为"岱岱"输精。几经周折，直到下午5点才完成了输精工作。那天工作结束后，工作人员都感到异常的疲惫，完全没有事成之后的愉悦和轻松。①

9月14日，人工授精的大熊猫"圆圆"产下了双胞胎，老大存活下来，取名"亮亮"，"亮亮"满月时饲养员用杆秤给"亮亮"称体重，看得出来那时的饲养条件是何等的简陋。9月25日，首次接受超低温冷冻精液授精的"岱岱"也产下了双仔，可惜幼仔中最长的仅存活了5天。②尽管如此，"岱岱"产仔的消息还是极大地鼓舞了大熊猫饲养人的士气，因为它们产仔本身就说明，用超低温保存精液繁殖大熊猫的方法是可行的，繁殖大熊猫的途径再一次被拓宽。1980年该研究成果获北京市科学技术成果二等奖。

技术员们并没有让新生幼仔的生命白白失去，他们对幼仔的尸体进行了解剖。这样做不仅是为了弄清新生幼仔的直接致死原因，还为了弄清它们身体的组织构成和特点，为今后大熊猫幼仔的哺育打基础。通过对新生幼仔尸体的解剖，技术员们惊奇地发现，幼仔体内的淋巴结少到可以忽略不计的程度，说明它们在出生时免疫系统根本没有发育，难怪幼仔们如此脆弱不堪一击呢！不久，技术员刘维新完成了《初生大熊猫的组织学观察》的报告，并刊载在1980年第13期的《科学通报》上，第一次让人们从解剖学的角度认识了大熊猫新

① 叶掬群工作日记；北京动物园档案资料。
② 北京动物园档案资料。

生幼仔机体组织的特点。

经过 1978—1980 年的实践，北京动物园对人工授精技术有了更深入和全面的认识。北京动物园认为，提高人工授精的成功率，首先需要不断提高人工授精技术的操作水平；同时，人工授精技术并不是大熊猫繁殖的最好办法，提升大熊猫种公兽的自然繁殖能力才是扩大圈养种群规模的根本途径；母兽排卵时机是人工授精成功的关键点，但其前提条件是确保母兽有良好的体质和发情状态。此外，根据 1963—1977 年 14 年间的大熊猫繁殖情况统计，北京动物园总共繁殖了 10 胎 16 只大熊猫幼仔，仅有 7 只成活。[①] 大熊猫新生幼仔成活率过低，导致圈养大熊猫的死亡率超过了繁殖率，[②] 种群数量逐年萎缩的态势已日益凸显。基于这些认识，北京动物园明确了下一阶段的科研方向：必须从饲养技术上解决繁殖大熊猫的体质问题，必须探明种公兽为什么不发情、精液质量为什么存在差距、母兽排卵的准确时点等关键问题，同时加强提高幼仔成活率研究，以减轻大熊猫新生幼仔存活率低的压力。

1980 年，北京动物园制订大熊猫研究课题计划时，将大熊猫繁殖有关研究设为重点，同时，开展了大熊猫原产地食用箭竹移京驯化实验、颗粒饲料试验等实用性课题，此外，首次将大熊猫与其他兽类的解剖与组织比较研究、大熊猫染色体一类基础性研究纳入科研规划之中。

1981 年，北京动物园进一步细化明确了大熊猫科研工作：①种公兽培育研究；②人工授精试验（续）；③早期妊娠测定研究；④人工育幼研究；⑤国产珍贵动物染色体研究；⑥大熊猫解剖与组织学研究。

1982 年，北京动物园又对研究课题进行了整合，设置了综合性的大熊猫繁殖科研项目，同时将人工授精及冷冻精液贮藏、颗粒饲料等一些特别问题分解出来进行专项研究。同年，北京动物园还加强了与北京大学、北京农业大学、北京第二医学院的科研合作，全力投入大熊猫解剖学的研究。[③]

1980 年之后，一连几年北京动物园大熊猫繁殖都获得令人喜悦的成绩。1981 年 9 月 14 日大熊猫"涓涓"产下 2 只幼仔，不过，只有"涓涓"带的一只幼仔存活下来，取名"丹丹"。9 月 21 日，大熊猫"岱岱"产下 2 只幼仔，自己带的新生幼仔未能成活；另一只幼仔经人工喂养存活了 75 天。尽管只活了 75 天，这在当时也刷新了人工育幼下大熊猫新生幼仔存活的最高纪录。[④]

---

① 北京动物园档案资料。
② 北京动物园档案资料。
③ 北京动物园档案资料。
④ 北京动物园档案资料。

1982 年，雌性大熊猫"岱岱"通过.人工授精再次产下了 2 只幼仔，母兽带活了 1 只幼仔，取名为"文文"；而人工育幼的另一只幼仔仅存活了 23 天。

1983 年，人工授精的雌性大熊猫"圆圆"和"涓涓"分别在 9 月 14 日和 9 月 16 日产下双胞胎，结果"圆圆"自带的幼仔活了下来，取名"争争"；"涓涓"则因产后受到惊吓伤及幼仔，幼仔未能保住；而人工育幼的 2 只大熊猫幼仔，一只仅存活了 7 天，另一只存活 45 天后还是夭折了。[①]1984 年，大熊猫"岱岱"没有怀孕。

1985 年 9 月 5 日，大熊猫"岱岱"经人工授精成功受孕，产下了 2 仔，自带的一只幼仔顺利成活，取名"陵陵"，另一只人工育幼的新生幼仔 31 天后死亡。[②]

1986 年 3 只雌性大熊猫人工授精均受孕，共繁殖出了 3 胎 4 仔，最终成活了 2 只。"涓涓"的体质最差，经过 2 年的调养，1986 年春季发情时，体重达到 82 千克，人工授精后进一步加强了营养，体重又增加到 87 千克，并且精神状态良好。意外的是，"涓涓"临产前几天，出现了十分强烈的妊娠反应，不仅完全废食、浑身无力，而且还出现颤抖、僵直等危重症状。8 月 27 日晚，郑锦璋召集兽医紧急会诊，认为"涓涓"是神经炎、骨髓炎等旧疾复发，并且十分严重，需要马上治疗。大家一致同意，先保母兽。8 月 28 日下午，病重的"涓涓"完全无力生产，产下的第一只幼仔的肺泡没有张开，第二只幼仔虽不是死胎，却因"涓涓"无力照料，受母体挤压而亡。幼仔双双夭折，工作人员十分心痛，没有健康的母兽，最终连一只幼仔也保不住。幸好接下来的消息舒缓了工作人员压抑的心情，9 月 8 日大熊猫"丹丹"生下了一只健康的雌性宝宝，取名"乐乐"；9 月 17 日，大熊猫"岱岱"也生下了一只健康的雄性宝宝，取名"良良"。[③]

在人工授精不断取得成功的同时，新生幼仔却接连死去，大熊猫成功繁殖的难题仍不能解决。这一个个惨痛的事件让北京动物园认识到，解决大熊猫新生幼仔存活率低的问题，已然成为圈养大熊猫繁殖工作的当务之急。于是从 1983 年开始，人工育幼也成为圈养大熊猫繁殖研究的中心任务之一。在此同时，北京动物园有关大熊猫基础科学的研究也在不断丰富和深入。1983 年开展了大熊猫繁殖行为观察研究。1984 年新设了大熊猫排卵规律及早期妊娠诊断的研究项目。1985 年将早期妊娠与激素测定、人工育幼研究整合到大熊猫繁殖的研究课题中，并新增了颗粒饲料的试验项目。[④]1987 年将培养大熊猫种公兽列

---

① 北京动物园档案资料。
② 北京动物园档案资料。
③ 北京动物园档案资料。
④ 北京动物园档案资料。

为重点科研项目，并于当年的 12 月 3 日启动。首个培养对象是 1 岁的雄性大熊猫"良良"，实验内容包括种公兽的合理营养与饲料配方、饲养环境的改善与增进活动量的训练，性行为学习与诱导等。① 同时，从人力、物力上加大了大熊猫人工饲养、人工繁殖、人工育幼三大课题的研究支持。1989 年起，北京动物园增设了珍贵动物精子库的研究项目，1990 年进一步拓展出大熊猫种群生物学和营养学的研究项目。②

整个 80 年代，北京动物园大熊猫的科研事业以蓬勃之势向前推进着，看似一切进展得十分顺利，其实每一项研究都进行得很艰难，其中最大的障碍是研究的基础设施过于落后和不足，很多试验、化验分析不得不委托其他机构进行，使得科研任务在时间和经费上受到一些影响。直到 90 年代中期，这种研究基础设施严重落后的状况才逐步得到改观。③

三、结实累累，积基树本

"文化大革命"之后，中国科技发展很快，知识分子的创新热情似乎一下子迸发、洋溢出来。北京动物园的技术员们也是如此，尽管科研经费和设备十分有限，但他们却没有丝毫的懈怠和畏难情绪，始终精神饱满、潜心笃志地研究大熊猫的难解之谜；并且，仅仅用了不到 10 年的时间，就接连破解了严重阻碍圈养大熊猫种群扩大的许多关键性难题，为大熊猫饲养事业的兴盛奠定了至关重要和坚实的基础。

20 世纪 80 年代，大熊猫基础研究成果中，最能体现积厚成器的当数 1986 年由科学出版社出版的《大熊猫解剖——系统解剖和器官组织学》一书。这是世界上首部完整的大熊猫系统解剖和器官组织学的专著，是大熊猫保护和科研工作者深入认识大熊猫特性的权威性工具书。大熊猫解剖和器官组织学的研究是 1982 年立项的科研项目，由北京动物园牵头，李扬文园长为项目负责人，联合北京农业大学兽医系解剖教研组、北京大学生物系、北京第二医学院解剖教研组、北京自然博物馆、陕西省动物研究所等单位，历时 4 年完成。该著作共 26 个章节，第 1 章为绪论，第 2~14 章是大熊猫系统解剖的内容，第 15~26 章是通过显微镜研究大熊猫各个器官组织，全书共 80 多万字，以及多达 423 幅图，详尽地描述了大熊猫皮肤、肌肉、骨骼、消化、呼吸、循环、泌尿、生

① 叶掬群工作日记；北京动物园档案资料。
② 北京动物园档案资料。
③ 北京动物园档案资料。

殖、神经、内分泌等各个系统的形态和组织特征。为了保障数据的准确性与科学性，这项研究共采用了 27 只大熊猫的完整样本和一些零星材料，含括了大熊猫生命的每一个阶段，即老年、壮年、青年、幼年及初生的样本。[①]

尽管立项后仅用 4 年的时间就完成了大熊猫解剖和器官组织学研究这项浩大的工程，但其实这项研究饱含了两代科研人员无尽的酸甜苦辣和艰辛。早在 20 世纪 50 年代后期，中国第一代著名的动物解剖学家、北京农业大学张鹤宇先生便倡导并着手开展了大熊猫解剖的相关研究。20 多年的积累研究历程每一步都走得十分艰难。然而，也正因为有了过去 20 多年两代科研人员一步一个脚印积淀下来的厚重基础，这一科研项目才得以在较短的时间内建造出大熊猫解剖和器官组织学的"大厦"。那时，欧美国家已经开展了大熊猫生物学研究，

《大熊猫解剖——系统解剖和器官组织学》（1986 年）

他们很早就对带出去的大熊猫标本和活体死后的尸体进行了解剖学和生理学的研究。国内的科研人员虽也开始研究，但终因大熊猫的标本案例过于稀少，材料过于零散，导致研究缺乏系统性和全面性。

《大熊猫解剖——系统解剖和器官组织学》一书的出版，填补了国内外大熊猫形态学和生物学特性认识的空白，从理论上帮助人们弄清了大熊猫的许多难解之谜，其中就包含了困扰人们几十年的大熊猫消化问题。

一直以来，人们怎么也无法理解大熊猫为什么能消化坚硬的竹子？营养价值那么低的竹子又为何能满足大熊猫的能量需求？大熊猫的消化道很短，长度仅有食草动物的 1/4～1/3，仍处于食肉动物的消化道长度水平，没有庞大的瘤胃或盲肠，并且大熊猫的肠胃内没有食草动物那种能分解和吸收纤维素的微生物！至此，人们终于明白，大熊猫之所以能消化坚硬的竹子，是因为它们的胃肠肌肉层比较厚，胃黏膜和肠绒毛也比一般动物多。大熊猫饲养管理人员也终于明白了为什么大熊猫排泄黏液是一种常态。[②] 此外，由于竹子的纤维多，脂肪、蛋白质、碳水化合物等营养物质含量低，因此，大熊猫需要在不断、大量地进食的同时，尽快把不能消化吸收的木质素和纤维素排出体外，这样才能

① 北京动物园，等，1986. 大熊猫解剖——系统解剖和器官组织学 [M]. 北京：科学出版社 .
② 叶掏群工作日记；北京动物园，等，1986. 大熊猫解剖——系统解剖和器官组织学 [M]. 北京：科学出版社 .

北京科技进步奖证书（1987 年）

大熊猫解剖学研究项目承担人：李杨文；协作单位负责人：北京农业大学兽医系解剖教研室林大诚，北京第
二医学院解剖教研室杨家銮，北京大学生物系动物形态教研室王平，陕西动物所珍贵动物组李贵辉，北京自
然博物馆房利详；此外，还有北京动物园廖国新、刘维新、许娟华、叶掬群等，北京农业大学李宝仁、刘济
伍、于梅芳、于立彦、李维宙等，北京第二医学院谢志强、林凯、焦守恕、鲁厚祯、杨进、郭崇法等，北京
大学生物系杨安峰、曹焯、陈茂生等，陕西动物所史东仇、牛勇等，各负责一个系统或一部分研究工作。

保障汲取到足够的能量维持身体的新陈代谢。[1]

　　大熊猫系统解剖和器官组织的研究成果在推进大熊猫饲养繁殖和理论研究
等方面具有里程碑意义，因此于 1986 年被授予北京市学术成果奖。

　　1982—1986 年，为了协助大熊猫的系统解剖研究，北京动物园的穆培刚、
肖方等标本制作人充分利用已有的材料制作了大熊猫的骨骼和皮张标本。这些
标本让兽医和技术员能直观地了解大熊猫的身体结构，对提高大熊猫疾病部位
的诊断，特别是对提高大熊猫输液、穿刺一类治疗措施的准确度起到了非常显
著的辅助作用。[2]

　　1984 年开始的"大熊猫排卵规律及早期妊娠诊断研究"，由刘维新、谢钟、
刘农林、曾国庆、蒋国泰等技术人员组成。在研究的过程中，课题组与中国科
学院动物研究所开展合作，[3]采集了繁殖期数只雌性大熊猫的尿样、血样，检测
大熊猫发情期间雌激素、促黄体生成素和孕酮水平，将这些数据与发情行为的
变化结合，分析寻找其中的规律。研究发现，当大熊猫求偶行为的峰值开始下
降、外阴黏膜充血最甚之后，尿或血液中雌激素水平的峰值也开始下降时，其
黄体生成素的水平却达到峰值，母兽出现排卵。[4]技术员们由此断定，这应该

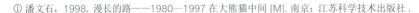

① 潘文石，1998. 漫长的路——1980—1997 在大熊猫中间 [M]. 南京：江苏科学技术出版社 .
② 北京动物园档案资料。
③ 北京动物园档案资料。
④ 北京动物园，1998. 北京动物园文集 [G]. 北京：中国农业大学出版社 .

就是大熊猫的排卵规律，也应该是求偶射精或人工输精受孕率最高的时点。

为了验证这一论点，技术员们依据研判的排卵指标，对大熊猫进行了人工输精和自然交配试验，结果接受两种授精方式的雌性大熊猫均成功受孕，充分印证了大熊猫排卵规律的研究结论。此后的几年中，大熊猫人工授精的受孕率由原来的 25% 提高到了 66%。[①] 特别值得一提的是，这项研究首次采用了动物行为学、形态学、内分泌学等多学科综合观察的方法，并且，首次将大熊猫繁殖行为、生理现象量化成数据指标作为理论依据，创立了大熊猫研究的理论和实践相结合的新方法。1990 年，刘维新、谢钟、刘农林等合著的论文《大熊猫生物学研究Ⅰ：大熊猫发情期血清和尿液中促黄体素、孕酮和 17β–雌二醇含量的变化》登载在第 1 期《动物学报》上。

北京科技进步奖证书（1989 年）

对大熊猫早期妊娠测定的研究，也取得了令人鼓舞的成果。技术员们总结了多年对大熊猫妊娠及生产过程的观察，归纳出了配种后大熊猫的行为和生理特点：①早期一般没有明显妊娠反应，多食欲增强；②妊娠后期乳房稍红胀，分泌少量乳汁，不爱活动；③产前 20~30 天出现挑食、食欲下降，产前 7~20 天阴门稍红肿，临产阴门松弛、废食、极度焦躁不安；④生产时坐卧姿、腹部收缩、不时舔舐阴部。[②] 技术员进一步测定了大熊猫尿液中雌二醇和孕酮含量，发现无论大熊猫妊娠与否，配种后尿液中这两项激素的含量都会升高，妊娠大熊猫在后一阶段还会出现高峰值。同时探索采用细胞免疫的方法进行检测，结果发现，当试验样中 T 淋巴细胞与羊红细胞形成玫瑰花环的结合率明显低于对照样中 T 淋巴细胞与羊红细胞玫瑰花环的结合率时，大熊猫妊娠为阳性。为了验证细胞免疫早期妊娠诊断法，技术员们先后对 17 只大熊猫进行了诊断妊娠试验，结果在人工授精后的 96~144 小时内，能准确诊断出是否妊娠。[③]1986 年，

---

① 北京动物园档案资料。
② 叶掬群、刘维新工作总结报告。
③ 北京动物园，1998. 北京动物园文集 [G]. 北京：中国农业大学出版社 .

技术员刘维新撰写的论文《大熊猫的妊娠诊断》在同年《兽类学报》第4期上发表，论文对此方法的机制、操作、意义等作了详细描述。1988年10月，为大熊猫"文文"进行了人工授精和早期妊娠诊断的操作，再次验证了检测技术，完成了大熊猫排卵规律和早期妊娠诊断的研究。[①]1990年，刘维新、刘农林、谢钟的研究成果《大熊猫的早期妊娠诊断》再度刊登在《兽类学报》（第2期）。该研究成果荣获1988年北京市科学技术进步二等奖。[②]

1985年，北京动物园将大熊猫人工繁殖研究设立为综合性课题，即把雌性大熊猫繁殖全过程的难题整合起来进行研究，从大熊猫整个发情期的行为、生理现象、生理指标的变化，到母兽妊娠前、中、后期行为、生理现象、生理指标的变化；从大熊猫产前、临产、分娩过程中食欲、精神、身体和行为的变化，到妊娠诊断和母兽产后的幼仔护理、哺乳行为及食欲、精神和身体的变化等进行了理论阐述。这是一项需要集动物行为学、形态学、生殖生理学、细胞学、内分泌学等学科知识为一体的科研工程，并希望能够进一步探明大熊猫假孕、难产、流产、死胎、弃仔等现象的原因。为大熊猫发情期、妊娠期、分娩前后期及育幼期的饲养管理提出相应的对策和指导理论。课题的难度之高是前所未有的，考验之严峻也是前所未有的。为了这场硬仗，北京动物园与中国科学院动物研究所曾国庆等联合组成研究团队，为课题配备了强大的技术力量：负责人刘维新，成员刘农林、谢钟等。[③]

技术员们持续检测和整理出大熊猫行为生物学、生殖生理学等学科多年积累的数据，首次探索了雌性大熊猫的性周期基本规律、排卵规律；首次阐述了细胞免疫技术应用于大熊猫早期妊娠诊断的实际操作要点；首次掌握了大熊猫分娩的全过程，包括生产时间、幼仔落地方式、母兽产后表现等。此外，首次研究制定了大熊猫的精子低温、超低温保存处理程序及最佳精液保存和处理方法，并成功用低温、超低温法保存了大熊猫的精子。[④]1987年，刘维新、谢钟、刘农林等技术员总结的研究成果《应用低温贮存大熊猫精子的研究》发表在《实验技术与管理》第2期；同年，刘维新的《中国大熊猫精子深低温冻存的研究》一文也在《北京医科大学学报》第1期登载。

1988年10月，刘维新、廖国新出席了在杭州召开的"中国圈养濒危动物保护工作国际研讨会"，向大会提交了题为《关于人工繁殖大熊猫的研究》的论文，介绍了北京动物园关于大熊猫繁殖研究的系列成果，交流引起了很大

---

① 北京动物园档案资料。
② 北京动物园档案资料。
③ 北京动物园档案资料。
④ 北京动物园档案资料。

反响。1992 年，该课题成果荣获了北京市科技进步一等奖。[①]

在开展大熊猫繁殖研究过程中，技术员们还对大熊猫新生幼仔生长过程和母兽产后育仔行为进行了更加深入细致的观察和研究。通过测量记录幼仔体重、性别、形态、被毛、吃奶时间等成长变化的数据，掌握了大熊猫幼仔的发育和生理指标。他们发现大熊猫初乳中干物质比重较低，初乳对提高新生幼仔免疫力具有极其特殊的功效，并且母兽产后乳汁的浓度、成分随着新生仔发育程度而改变。他们还观察到，母兽怀抱中接触幼仔部位的皮温为 33~35℃，而其他部位不会超过 15℃。根据研究结果，技术员提出了初产大熊猫、产后母兽的营养和护理对策，并初步记录了大熊猫妊娠天数、每胎产仔数，探讨了假孕、难产原因。[②] 1985 年，兽医院购买了超声多普勒仪，通过超声多普勒仪可以监听到胎儿的血流声，用此仪器测试孕情及胎儿状况，操作简便，可靠性强。

1978 年以来，北京动物园开展的大熊猫系统解剖和器官组织学研究，以及在麻醉保定、吹管式注射器等药物和应用技术方面的突破，使得大熊猫的疾病防治效果得到十分显著的提升，许多原先无力应对的大熊猫特殊病例都逐步得到有效救治，保障了大熊猫种群的健康和生命安全。与大熊猫生物学的研究一样，对大熊猫疾病诊治的最大难点同样是大熊猫种群数量过于稀少，基础数据缺乏。很多情况下，大熊猫患病后，兽医几乎没有诊治的参照案例和资料，只能参考其他动物的数据。更让人无法想象的是，圈养大熊猫的病情或意外却五花八门、无所不有，出现仅为 1 例病案的现象比比皆是。1973 年 5 月雌性大熊猫"英英"在交配的过程中被种公兽咬伤，虽然经过了全力抢救，但伤口愈合缓慢，更让兽医们措手不及的是，仅过了 2 个月，"英英"的伤口竟发展成皮肤癌，必须进行麻醉治疗，因为当时的麻醉药不过关，"英英"不幸死在了手术台上。[③] 这个案例充分显示了兽医基础和适用的治疗措施的重要性。因此，积累正常血液样品，检测正常的血液指标就成为兽医的重要任务和研究内容，只要有机会接近动物就留存血液样品成为兽医的习惯，一直延续至今。

经过 20 多年的积累和研究，北京动物园兽医在大熊猫血液指标方面已经积累了大量的数据。1978—1979 年，兽医们对园内的 15 只大熊猫进行了血液普查，总结出了大熊猫的血液参考指标，分为大熊猫幼年、青壮年和老年不同生命阶段的数值，为大熊猫的疾病防治建立了基础档案，同时还将这套血液指标的数据资料提交到全国重点动物园"大熊猫癫痫等疾病防治技术交流会"上，与动物园的同仁共同分享和探讨。[④]

① 北京动物园，1998. 北京动物园文集 [G]. 北京：中国农业大学出版社 .
② 北京动物园，1998. 北京动物园文集 [G]. 北京：中国农业大学出版社 .
③ 北京动物园档案资料。
④ 北京动物园档案资料。

寄生虫对大熊猫的影响很大，但是对大熊猫体外寄生虫病的认识明显晚于体内寄生虫，特别是对大熊猫皮毛造成损伤的螨虫病。饲养员发现个别大熊猫有脱毛现象，经过连续观察、采集样品检验，最后在1979年的病灶取样检测中发现了寄生虫蠕形螨，结合临床症状综合判断，认为大熊猫脱毛是由蠕形螨引起的。然而，当时国内还没有专门针对动物皮肤螨的药物，治疗大熊猫皮肤蠕形螨的药物只能参考其他动物的药物自行配制，兽医们边研制配药，边进行治疗试验，最终大熊猫的皮肤蠕形螨感染得到有效控制，但是一直没有彻底治愈。[1] 至今，治疗大熊猫蠕形螨仍然是难题。

在大熊猫的诸多疾病中，让兽医们感到棘手的还有溶血性大肠杆菌病。这种疾病发病急且易引发其他器官出血，病程短、死亡率高。更为糟糕的是，这种疾病初期的症状易与普通痢疾混淆，很难诊断，还易引起群体感染。20世纪70年代中期，园内就先后有几只大熊猫感染了溶血性大肠杆菌，治疗工作遇到很大难题。兽医们从严格消毒预防、早诊断、早治疗和治疗方法几个方面进行攻关。1983年，总结出抗菌、补充体液、止血等综合疗法，成功救治了1只感染了溶血性大肠杆菌的重症大熊猫，填补了有效治疗这一急症的空白。[2]

① 北京动物园档案资料。
② 北京动物园档案资料。

第四章

奏响大熊猫生命的
凯旋之歌

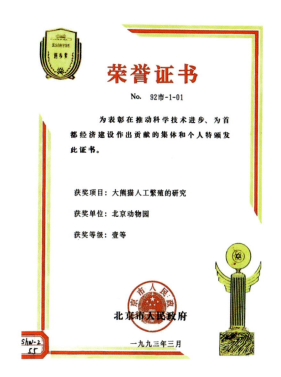

北京科技进步奖证书（1993 年）

一、左右采获，秉轴持钧

（一）

　　20 世纪 90 年代，中国改革开放的步伐明显加快，人们一面认真反思历史，策驽砺钝，一面积极地汲取先进的经验，各行业出现了全方位的制度创新和吸收、研发新技术的热潮。这一阶段，北京动物园正值新老人员大交替的时期，园内开拓进取的气氛更加浓烈，探索大熊猫生命奥秘的脚步更加有力。1992 年的春天，北京动物园再次传来振奋人心的好消息，工作人员首次将人工授精繁殖的雄性大熊猫，成功地培养成具有自然交配能力的种公兽！这个喜讯很快在社会上传开，众多媒体争相报道，且在当年就被北京市人民政府授予了科技进步一等奖，毕竟，人们期待这个成果已经太久了。

　　自开始饲养大熊猫以来，雄性大熊猫发情难的问题就一直困扰着国内外的饲养人。几十年来，尽管各方采取了多种措施，但仍然没有找到有效的办法改变这种窘境，以至于饲养界公认："大熊猫在人工饲养条件下很难繁殖"；甚至一部分人还认为："大熊猫之所以成为濒危物种，主要原因之一在于其繁殖能力低下"。[1] 北京动物园破解了雄性大熊猫不发情的难题，意味着圈养大熊猫种群延续有了新的希望，继人工授精之后，大熊猫繁殖技术又有了一个新的突破。

自然交配不是出于所有动物的本能吗？难道雄性大熊猫就是特殊？难道这也算是繁殖技术创新？对于今天见惯了每年数十只大熊猫宝宝降生的人们来说，这的确是个很难理解的话题。今天的人们已经很少有机会了解那段因"雄性大熊猫不发情"受到困扰的历史了，自然也无从想象，为了弄清雄性大熊猫不发情的原因，为了促使雄性大熊猫主动交配，北京动物园的两代饲养人足足耗费了 20 多年的心血。

虽说北京动物园从 20 世纪 50 年代中期就开始饲养大熊猫，但却是最早正式饲养大熊猫的单位，因此一切从零起步，单单摸索如何让大熊猫适应北方的饲养环境和食物，就花费了十数年的时间。最为关键的是，那个年代的学科基础和科研条件十分落后，对大熊猫基础生物学的认知欠缺，以及对雄性大熊猫发情机制的探讨，历经了一个跌宕起伏而漫长的过程。20 世纪 60 年代初，当第一批圈养大熊猫成长起来后，工作人员惊奇地发现，很多大熊猫虽然已经达到了性成熟，处于青壮年阶段，但在发情季节，大多数雄性没有明显的发情征状，也无求偶表现，当然，就更谈不上主动交配了。[2] 这时他们才意识到：大熊猫和大多数野生动物不一样，性成熟完全不等于能繁殖。[3]

1963 年，北京动物园通过改善饲料的营养结构和雌雄大熊猫发情信息的交流条件，首次实现了圈养大熊猫的自然繁殖，向世界宣告：在人工饲养条件下，珍稀物种大熊猫可以繁殖。1964—1968 年，北京动物园连续 3 年促成雄性大熊猫"三三"完成了自然交配，并繁殖出 3 只大熊猫幼仔。然而，那段美好的历程，却不能代表圈养条件严重制约雄性大熊猫发情的严酷现实，因为，早期实现繁殖的大熊猫个体均来自野外，人工饲养的时间不长。

1969 年，雄性大熊猫"三三""退役"，在那之后的 20 年里，北京动物园再没有出现具有自然交配能力的雄性大熊猫，即使是来自野外的大熊猫。[4] 期间，工作人员曾经尝试过很多种办法，可是，"成年大熊猫的发情和交配不像其他动物那样容易掌握，尤其是雄性大熊猫极少有主动求偶的现象。"[5] 更让人忧心的是，雄性大熊猫不发情已然成为困扰国内外动物园的普遍现象，大家眼睁睁地看着发情中的雌性大熊猫白白地错过一个又一个交配期，却又无能为力。

① 冯文和，张安居，1988. 大熊猫的生殖生理及人工繁殖 [M]. 成都：四川大学出版社.
② 刘维新访谈记录；冯文和，张安居，1988. 大熊猫的生殖生理及人工繁殖 [M]. 成都：四川大学出版社.
③ 冯文和，张安居，1988. 大熊猫的生殖生理及人工繁殖 [M]. 成都：四川大学出版社.
④ 北京动物园档案资料。
⑤ 冯文和，张安居，1988. 大熊猫的生殖生理及人工繁殖 [M]. 成都：四川大学出版社.

无奈之下，整个70—80年代，大熊猫繁殖不得不依靠动物园之间的动物交流合作来完成。那几年，谁家要是有个能够自然配种的雄性大熊猫，就成了香饽饽，大家排着队攀亲。无雄兽可用，这种十分被动的大熊猫繁殖状况，就像一块沉重的石头，一直压在大家的心头，让大家陷入焦灼和不安的状态。北京动物园怎么就不能培育出有交配能力的雄性大熊猫？这么多年的饲养经验又体现在哪里？

面对圈养大熊猫自然繁殖的重重困难，北京动物园从来也没有放弃过"培养雄性大熊猫"的努力。早在20世纪70年代初期，技术人员就提出了专门培养种公兽的建议，1974年，将培养雄性大熊猫工作列入了动物园专项研究课题。工作人员通过总结饲养大熊猫自然交配的经验，认识到培养体质强壮的雄兽是大熊猫繁殖的基础，种公兽一定要体格魁梧、精力旺盛。[①]但是，实际上，不是所有体重大、体格健壮的雄性个体都有好的繁殖能力。当时没有确定大熊猫种公兽的标准，更不知道应该从哪些方面、哪个成长阶段培养。但是，有一点是可以肯定的，那就是要使种公兽体格强壮，就要确保它们有足够的营养供给，能够摄取足够的青饲料、蛋白质、维生素和微量元素。为此，在培养雄性大熊猫期间，北京动物园都会为培养对象提供特需食物，特别是尽力保障它们有充足的青饲料。[②]

经过一段时间的摸索，工作人员便掌握了成年雄性大熊猫营养结构的量化需求，以便配置营养合理的饲料。虽然，在1982年之前，北京动物园一直没有条件为大熊猫提供足够的青饲料，但凭借着多年的饲养经验调配饲料，仍旧能够保障绝大多数大熊猫的身体和精神处于良好状态。然而，令工作人员百思不得其解的是，到了繁殖季节，那些体格十分健壮的雄性大熊猫还是没有明显的发情表现。[③]按说，为给繁殖大熊猫提供青饲料，北京动物园可是举全园之力，想尽各种办法，可怎么就没有结果呢？更让人不解的是，南方的动物园一年四季都不缺新鲜竹子，但那里的雄性大熊猫也不发情呀！看来问题不单单出在青饲料上。[④]工作人员意识到，需要重新考虑雄性大熊猫发情的培育措施了。

1978年，北京动物园首次人工授精试验成功地繁殖出了大熊猫，开创了大熊猫繁殖技术的新纪元，大大提振了大熊猫饲养人的信心。然而，这种喜悦却怎么也抹消不掉工作人员心头的忧虑：难道今后繁殖大熊猫只能依赖人工授精？且不说大熊猫人工授精的成功率十分有限，[⑤]作为大熊猫饲养人，总不能看

① 北京动物园，1998.北京动物园文集 [G]. 北京：中国农业大学出版社．

② 叶掏群工作日记；北京动物园，1998.北京动物园文集 [G]. 北京：中国农业大学出版社．

③ 叶掏群工作日记。

④ 北京动物园，1998. 北京动物园文集 [G]. 北京：中国农业大学出版社．

⑤ 刘学锋访谈记录。

着圈养大熊猫退化到无法自然交配繁殖的尴尬境地吧？

　　1980—1990 年，大熊猫的野外科考成果接踵传来，大家观察到：野生大熊猫的自然繁殖能力相当强大，野外大熊猫为了获取食物和守护领地，经常跋山涉水，运动量非常大，因而体格和体能非常强健；常年的风餐露宿，使它们耐受环境和气候变化的能力也很强大。北京动物园的工作人员根据大熊猫的野外生存状态，开始对已有的饲养管理方法进行了反思，人工饲养的环境下，大熊猫原有的生活习性和节奏改变，每只大熊猫有单独的圈舍，过着"饭来张口、衣来伸手"温暖舒适的日子，长期单独生活，不与其他个体交流，其结果势必导致它们身体和器官机能产生各种各样的变化，并影响到它们的体质和应变能力。因此，圈养大熊猫看似体况和精神状态良好，但体质和体能却怎么也无法与野外生境中的大熊猫相比。[①] 工作人员认识到人工饲养存在的各种问题后，开始对以往的饲养管理方法进行仿生态的调整，增加动物的运动量，提供更加类似于野外的生活环境。

　　要增强雄性大熊猫的体能，就必须增加它们的运动量，让它们活跃起来。为此，工作人员首先对大熊猫的生活环境进行了改造，在面积有限的运动场地增设了运动器械；同时在饲养管理方面，尽可能增加粗饲料供给量，通过"粗 - 精 - 粗"的投喂方式延长大熊猫的采食时间，以此来增大它们的活动量。[②] 此外，增强大熊猫的体质，必须提高它们对气候与环境的适应能力。为此，工作人员为大熊猫增加了冷水浴、调换圈舍等刺激性的措施。这些饲养管理方法的调整，对改善大熊猫的精神状态起到了显著的作用，有效地改善了大熊猫因食用精饲料偏多，长得太胖不愿活动的状况。[③]

　　在增强雄性大熊猫体质、体能的同时，工作人员观察发现：园内的雄性大熊猫不只是不发情，有时干脆无视雌性大熊猫的存在，甚至对发情中的雌性大熊猫表现出了厌烦情绪。[④] 如何改善这种现象？通过对野外大熊猫繁殖行为的深入了解，工作人员留意到：野外的雌雄大熊猫虽然平时很少见面，但通过气味早早就识别了不同个体，到了繁殖季，在嗅觉、听觉的共同作用下，雌雄大熊猫能很快出现强烈的相互吸引效应。圈养的成年雄性大熊猫都是单独饲养，对雌性没有气味等接触，它们很少有机会感受和体验异性发出的各种信息，导致雄性缺少对雌性的反应经验。于是，工作人员对雄性大熊猫的培养又增添了性诱导的措施，将每年繁殖季的准备工作提前了 1 个多月。新年一过，工作人员就早早地把雌雄大熊猫安排到繁殖场，让它们尽早通过听觉、嗅觉感知对

① 北京动物园，1998. 北京动物园文集 [G]. 北京：中国农业大学出版社 .
② 叶掬群工作日记。
③ 北京动物园，1998. 北京动物园文集 [G]. 北京：中国农业大学出版社 .
④ 叶掬群工作日记。

方。繁殖季到来后，雌性大熊猫传输的气味、叫声等发情信息，能对雄性起到积极的刺激作用，诱发雄性出现发情征状。只可惜，雄性大熊猫的发情征状仅仅是昙花一现，没有持续的进一步表现，更没有给工作人员带来惊喜。[①]

（二）

转眼间几年时光过去了，虽然每年培养的雄性大熊猫或多或少让工作人员看到了希望之光，却始终未看到希望之火。屡战屡败的经历让北京动物园痛切地感受到，培养大熊猫种公兽的难题，绝非仅仅在繁殖季的短期培训可以攻破，需要再次调整培养措施。1987 年，北京动物园将培养大熊猫种公兽列为专项重点科研项目，并由时任饲养队主管队长侯启明担当课题负责人，大熊猫饲养员王万民等为该项试验研究的主要成员。课题于当年的 12 月 3 日正式启动，大家商定把 1 岁的大熊猫"良良"列为种公兽的培育对象。[②]1989 年后，新人饲养员马涛加入，并逐渐成为主力。

大熊猫"良良"生于 1986 年 9 月 17 日，是北京动物园通过人工授精繁殖出来的子二代，由母兽哺育成活，身体发育很好。人们不禁要问：培养对象为什么不选择来自野外的雄性大熊猫？哪怕是野外种源自然繁殖的后代，培养的成功概率也会更高一些。即便在今日，人们仍然普遍认为野外种源大熊猫的体质和基因远胜于人工饲养繁殖的后代。另外，人们对课题选用不到 1 岁的大熊猫幼仔作为培育对象也很不理解，资料显示，圈养的雄性大熊猫要到 6~7 岁才能性成熟。[③] 这就意味着此研究项目的周期会很长，需要 5~6 年的时间，这期间发生各种不确定因素乃至意外的概率会大大增加，试验的风险也会因此大幅度提高。

其实，在制订该课题计划时，大家认真探讨过培养对象的问题，之所以最终选择幼年大熊猫"良良"，主要基于多年来培养种公兽的经验和实际情况。之前，北京动物园对种公兽的培养，往往是"现抓现用"，选择那些已经性成熟的雄性大熊猫，而且每年的培养期为 4~6 个月不等。这种培养方式是短期行为，在繁殖的前一年甚至当年，挑选已成年、体格好的雄性，临时进行营养调整，虽然在提高大熊猫体质方面见效快，但每年都出现繁殖行为方面的问题。因此，从幼年大熊猫开始培养是工作人员达成的共识。此外，确定大熊猫"良良"作为培养对象，也是因为别无选择。那一时期，北京动物园虽有 5 只雄性大熊猫，却出现了年龄断代的情况，雄性大熊猫"楼楼"已经 21 岁了，"宝宝"也年过 17 岁，均进入了高龄阶段，没有继续培养的意义了；"治治" 11 岁，正

y

① 叶掬群工作日记；北京动物园，1998. 北京动物园文集 [G]. 北京：中国农业大学出版社 .
② 北京动物园档案资料； 叶掬群工作日记。
③ 北京动物园档案资料。

值壮年，各种行为、性格已经定型了，也不是最佳培养年龄了；剩下"陵陵"和"良良"2只幼仔，都是人工授精繁殖出生的，2岁的雄性大熊猫"陵陵"被送往国外交流，留在家里的只有"良良"了。①

由于没有从幼年起培养种公兽的经验，在制订课题计划时，大家仍是将身体素质和繁殖行为定为主要的培养方向，至于培养研究的阶段目标、培养标准、实施方法等具体事项，只能在培养过程中，边实践、边研究、边定夺，真是摸着石头过河，一步一步地小心前行。这对所有的研究人员来说，无疑是个很大的挑战。

课题刚开始，王万民便提出：培养种公兽，要弄清人工饲养条件下影响雄性大熊猫发情配种的因素是什么？人工饲养与雄性大熊猫发情是否存在着相互矛盾的关系？只有搞清楚这些，我们才能明确我们项目的每一步该怎么走。②

王万民曾经当过兵，从军的经历锻炼出不怕吃苦、敢打硬仗的劲头，并且善于思考、肯于钻研。1974年王万民复员后到北京动物园饲养队，1978年进入北京动物园七二一工人大学学习动物饲养专业知识，毕业后分配到杂食动物一班工作。那时大熊猫饲养在杂一班，当时的班长董淑华安排白淑敏师傅带着他一起饲养大熊猫。王万民刚接触到大熊猫时，动物园正开展大熊猫人工授精研究，并取得了丰硕成果，让他感受到了技术创新的力量。然而，在接下来的几年中，他却看到了新技术的不足。那一时期，虽然，北京动物园的大熊猫人工授精繁殖技术是顶尖的，但人工授精的受孕率还不高，经常不成功。相比之下，大熊猫自然交配的繁殖成功率较高。③王万民便产生了攻克雄性不发情难题的想法。从那时候起，王万民开始学习大熊猫的知识，从生态到生理，从出生到繁育。正是因为有了前期的知识铺垫，并对大熊猫当时的状况有了比较全面的了解，王万民才能够提出一个有关研究的关键问题。④

科学证实，大熊猫是生存和繁殖能力很强的物种，这也是数百万年来大熊猫得以进化和繁衍至今的根本原因。那么，既然野外的大熊猫具有很强的繁殖能力，具体又表现在哪些方面呢？

为了找到答案，课题组成员积极请教专家，并四处收集野外大熊猫的资料。一次，一份大熊猫野外科考的最新资料给了课题组非常大的启示。⑤那份资料显示：在大熊猫的繁殖期，野外雄性大熊猫会追寻发情母兽标记的气味，

---

① 北京动物园档案资料。
② 马涛访谈记录。
③ 北京动物园档案资料；北京动物园，1998. 北京动物园文集 [G]. 北京：中国农业大学出版社.
④ 马涛访谈记录。
⑤ 马涛访谈记录。

从四面八方跋山涉水聚集到母兽所在的位置，还会出现几只雄性大熊猫争夺一只母兽交配权的现象。科考人员还意外发现，未离开母兽的幼年大熊猫在附近的树上观看求偶交配的全过程。大家认识到：①尽管雌雄大熊猫从不在一起生活，但雄兽却非常熟悉母兽传递出的各种信息，并且雄兽不惜翻山越岭去寻求繁殖的机会；②几只雄性大熊猫同时出现在交配现场，说明雄性大熊猫需要有强盛的体能和耐力去战胜竞争对手，同时还需要想方设法赢得母兽的认可；③幼年大熊猫在繁殖现场"围观"，其实是从未成年期开始就受到了启蒙教育。

因此，野生大熊猫的繁殖能力是自幼经过多年的见习和磨砺练造出来的。但是，人工饲养的大熊猫不仅生活环境、食物、作息时间等被彻底地改变，并且很少有针对环境变化、信息交流等繁衍所需的能力训练，而且是在"拉郎配"，没有机制、没有竞争的环境中。因而，圈养大熊猫繁殖能力低下是必然的。与野外大熊猫的比较，也体现了"自幼培养雄性大熊猫繁殖能力"课题设计的合理性，增强了课题组培养种公兽的信心。①

确定培养大熊猫种公兽的方向后，培养方法也确定了下来，着重从四个方面开展：①增强体质和体能；②促进生殖生理发育；③改善环境适应能力；④开展社交能力及性教育的训练。②不过，确定培养内容仅仅是课题试验迈出的第一步，用什么方法去培养？应该达到什么样的培养标准？很多操作上的问题，仍需课题组在实践中摸索、在摸索中实践。

在提高大熊猫体质方面，北京动物园已经积累了许多经验。在分析历年档案和数据资料的基础上，制定"良良"的培养方案。此时，课题组成员又发现了一个问题：1~2岁的幼年大熊猫要完成从精料为主到粗纤维为主的食物转换，而这一时期恰恰是幼体出现消化系统问题的高发期。对快速生长的幼年大熊猫来说，充足的蛋白非常重要，但在食物转换期，幼年大熊猫蛋白食物摄入多了反而易造成消化不良，甚至会影响幼年大熊猫的健康发育。那么，怎样才能确保大熊猫"良良"在食物转换期不发生消化道疾病呢？课题组通过讨论认为：成年大熊猫摄取大量的粗纤维有助于胃肠消化和营养吸收，那么让年幼的"良良"提早增加摄入粗纤维食物的量，是否能够避免出现消化不良？③要进行这样的操作，就必须调整幼年大熊猫的食物配方，要知道这个配方也是经过实践总结出来的，改动必然伴随着很大的风险。因为在早年有幼年大熊猫因摄入蛋白质不足，发生了营养不良的事例。④

---

① 马涛访谈记录。
② 马涛访谈记录。
③ 成都动物园 成都大熊猫繁育研究基地，1993.成都国际大熊猫保护学术研讨会论文集［C］.成都：四川科学技术出版社.
④ 北京动物园档案资料。

为了降低试验中的风险，课题组成员反复查阅了野外科考资料，详细了解野生大熊猫食物结构及转换过程。他们注意到，野外的幼年大熊猫在 1~1.5 岁就几乎吃不到母乳了，一天中的大多数时间跟随母兽觅食，竹子和竹笋是主要食物；2 岁之后，很多幼年大熊猫便离开母兽，开始独立生活。也就是说，2 岁的野外幼年大熊猫已经完成了食物转换，主要依靠竹子、竹笋生活。那么幼年大熊猫在 1.5 岁阶段，就是一个粗纤维食用量突破性增加的关键时期。按照这样的思路，课题组进行了一次大胆的尝试，在大熊猫"良良"1.5 岁时，大幅度调整了它的食物结构，粗蛋白的供给量由经验配方的每千克体重 5~7 克，下调到 3.8~4.2 克，迫使"良良"靠增加食用青饲料量来补充营养。经过努力，采取这一创新举措，"良良"平安地度过了食物转换期。在初始试验的一年多里，"良良"非但没有出现过消化道疾病和营养不良的现象，而且还养成了以青饲料为主的进食习惯，体重也从 67 千克增加到 85 千克，几乎接近成年雌性大熊猫的体重。到"良良"2 岁之后，课题组又将粗蛋白的供给量恢复到每千克体重 6~7 克的水平。[①]

　　大熊猫"良良"顺利地渡过了食物转换的关口，让课题组成员的信心陡然剧增，他们紧接着开展了"良良"的第二阶段培育计划：增强体能和耐力。依据园内饲养经验，雄性大熊猫强壮与否首先看体重，而提高体重最有效的办法就是在饲料中适量提高蛋白质、维生素、矿物质等营养成分的比重。[②] 大熊猫在 2~3.5 岁时，正是亚成年向成年期过渡的关键阶段，体型、体重及身体各个组织器官、内分泌系统将得到全面和充分的发育。因此，这一时期提高营养的整体供给水平格外重要。如果在这个发育阶段为"良良"提供成年大熊猫的食物配方，或许可以满足未成年期快速发育的能量需求。于是，课题组第二次大胆地调整了"良良"2 岁之后的食物结构，每天摄取的能量从经验配方的每千克体重 0.27~0.29 兆焦（65~70 千卡），迅速提升到每千克体重 0.42 兆焦（100千卡）；其中，粗蛋白的供给量也从每千克体重 3.8~4.2 克，提升到每千克体重 6.5~7.5 克，并且还大幅度提高了动物性蛋白的比例。[③]

　　不用说，如此大幅度更改传统经验的饲料配方，消化系统问题仍是首要防控的风险。对此，如果同时加大"良良"的粗纤维摄入量，就有可能避免出现消化不良的问题。参照"野生大熊猫每日采食箭竹 10~15 千克，可获取粗蛋白500~800 克"的数据资料，推算圈养大熊猫的粗蛋白摄取量每千克体重 10 克应是合理的。就是说，每天至少要让"良良"获得粗蛋白摄入量 1.5 倍的粗纤维

① 成都动物园　成都大熊猫繁育研究基地，1993. 成都国际大熊猫保护学术研讨会论文集［C］. 成都：四川科学技术出版社.
② 北京动物园档案资料；叶掬群工作日记。
③ 成都动物园　成都大熊猫繁育研究基地，1993. 成都国际大熊猫保护学术研讨会论文集［C］. 成都：四川科学技术出版社.

供给量，就能保证不出或少出消化系统的问题。[①]

按照这个想法，大熊猫"良良"的食物供给量要大幅上升，应与一只成年雄性大熊猫的食用量相差无几。虽然有增加青饲料可以避免未成年大熊猫出现消化不良的记录，但没有实践经验。对此，王万民认为：只要活动量足够大，"良良"的胃口和消化能力应该可以同步提高，就像一个少年的饭量常常超过成年人的道理一样，应该不会有大的问题。按照这个思路，给大熊猫"良良"提前提供了成年雄性大熊猫的饲料，并且这个"冒进"的饲养方案一直伴随着"良良"进入成年。[②]

调整营养结构的过程中，大熊猫"良良"一直保持良好的身体和精神状态。然而，"良良"2岁半后，一向爱爬树、爱嬉闹的性情变得慵懒起来。原来，由于食物充足，体重增加明显，圈养的大熊猫普遍存在着2或3岁之后活动量骤减的现象，现在"良良"也没有躲过。大家担心，活动量下降，必然会影响到"良良"的食欲和消化机能，最终对机体组织器官的发育产生不利影响。[③]

为了让大熊猫"良良"活跃起来，王万民想出了一个"陪练"的主意，既然"良良"不愿多活动，那么就每天陪着它活动，带着它玩耍。说到陪练，可以说王万民是全天候陪伴着"良良"成长起来的。"良良"7个月大时，被选送到中国马戏团训练，王万民也一起来到马戏团，那时起王万民就每天和"良良"在一起生活，既当保姆，又当陪伴和教练。所以，天天陪着"良良"运动，对王万民来说不是什么难事。眼下，对如何提高"良良"运动量，王万民也想了很多的办法："良良"高兴时，就让它自由活动；"良良"感觉无聊时，就诱导它参与不同的活动；"良良"发懒时，就陪着它一起玩耍。如此一来，加上进食时间，"良良"每天至少能活动10小时，这个运动量比一般圈养大熊猫高出了约1/3，运动强度也比一般的大熊猫高出了许多。"良良"每天的运动训练都是定时间、定强度、定节奏的，通过精确的作息时间来确保"良良"的训练劳逸结合。[④]

在提高"良良"体质和体能的基础上，对大熊猫"良良"环境适应能力的训练也在有条不紊地进行。为了让它适应气候环境的变化，课题组采用了"冷水浴法"。"冷水浴法"是北京动物园多年饲养大熊猫总结出的经验，即经常给

---

① 成都动物园 成都大熊猫繁育研究基地，1993. 成都国际大熊猫保护学术研讨会论文集 [C]. 成都：四川科学技术出版社．

② 马涛访谈记录；北京动物园档案资料。

③ 成都动物园 成都大熊猫繁育研究基地，1993. 成都国际大熊猫保护学术研讨会论文集 [C]. 成都：四川科学技术出版社．

④ 成都动物园 成都大熊猫繁育研究基地，1993. 成都国际大熊猫保护学术研讨会论文集 [C]. 成都：四川科学技术出版社．

大熊猫洗凉水澡，促进它们的血液循环。在实施过程中，课题组对以前冷水浴的做法进行了改进。以往的冷水浴法只是夏天洗澡，用水冲冲身上的泥土，有季节性，一般天气转凉后就不再洗浴了。另外，洗浴时间和冲洗方法也比较随意，没有强制要求。对此，王万民认为，野外的大熊猫冬天照样爬冰卧雪，就是因为接触冷环境是它们生活的常态，所以按照大熊猫的野外习性，从小培养圈养大熊猫常年洗冷水浴接受冷刺激是可行的，就像许多人喜欢冷水浴一样，常年不断。就这样，课题组给大熊猫"良良"制定了终年不断的冷水浴计划：春夏秋季节，每天用冷水冲洗 2 次，每次 20~30 分钟；冬季每天冲洗 1 次，每次 10~20 分钟。同时要求，一般情况下冷水浴要在户外进行，冬季刮大风时改在室内。在进行冷水浴时，把"给大熊猫刷毛"的做法，逐渐变成了每天 1 次的习惯和要求。实施冷水浴没过太长时间，"良良"体质明显增强，不仅体格发育良好，而且精力特别旺盛，少有倦怠的情况，从未患过任何疾病。[①] 后来，这种"冷水浴＋刷毛"培育法成为圈养大熊猫教科书式的饲养管理方法，在北京动物园一直沿用至今，并且传授给了国内外的其他动物园。

经过综合调整，大熊猫"良良"渐渐地茁壮成长起来，3 岁时体重增长到 112 千克，比 2 岁时的体重增加了 27 千克。并且"良良"的生殖器官发育很快，2 岁半时它的睾丸就已经显露出来，这在北京动物园的大熊猫饲养史上还从未有过，以前向国外赠送 2~3 岁的大熊猫时，就因为雄兽的生殖器官没有发育，还曾出现过性别辨别出错的事情。[②]

（三）

大熊猫"良良"4 岁时，体重已经上升到 126 千克，并且还在继续增加。这时，又出现了对雄性大熊猫长得过胖会影响繁殖的担忧。这种担忧也正是课题组成员一直所担心的。因为记录资料显示：人工饲养条件下，性成熟雄性大熊猫的体重一般为 95~105 千克，[③] 显然，"良良"早已超标了。在繁殖期，那些看着健壮体胖的雄性大熊猫，发情表现往往很让人失望，即便有发情征兆也是慵慵懒懒的，一点也兴奋不起来。[④] 北京动物园曾就"大熊猫过胖不繁殖的问题""饲料怎么改才能确保大熊猫的体重不胖不瘦等问题"组织过多次研讨会。讨论结果认为，种公兽的培养，一要抓青饲料，二要抓活动量。[⑤]大熊猫"青青"的例子也给了大家深刻的教训。

① 成都动物园 成都大熊猫繁育研究基地，1993. 成都国际大熊猫保护学术研讨会论文集 [C]. 成都：四川科学技术出版社 .
② 北京动物园档案资料；刘维新访谈记录。
③ 冯文和，张安居，1988. 大熊猫的生殖生理及人工繁殖 [M]. 成都：四川大学出版社 .
④ 叶掬群工作日记。
⑤ 叶掬群工作日记。

1978 年，大熊猫"青青"的意外死亡，使他们开始考虑大熊猫体重偏高是否等同肥胖问题？"青青"是 1968 年北京动物园的雄性大熊猫"三三"和雌性大熊猫"莉莉"自然交配繁殖的幼仔，出生后"青青"的生长过程十分顺利，不仅食欲旺盛，芦苇吃得好，而且活动量大，粪便也好；在园内饲养的大熊猫中，"青青"体型一直是最大的，体质也是最好的。[①]1972 年 2 月"青青"3岁半时，体重已经达到 102 千克；1974 年的春天，5 岁半的"青青"体重超过了 130 千克，生殖器官发育良好，已经达到了性成熟。可是，性成熟的"青青"却丝毫没有发情的迹象，让它接近发情的母兽也未激发出它的"性"趣。1976年"青青"终于有了频繁地颤叫和溃尿的发情表现。可惜只折腾了 2 天便"熄火"了。[②] 转眼间"青青"就到 10 岁了，眼看着大好时光一年一年地虚度过去，北京动物园领导和职工上下心急如焚。1978 年 3 月大熊猫的繁殖季到来时，"青青"的体重增加到 148 千克。工作人员认为，再不能任由"青青"肥胖下去了，经过开会讨论，决定给"青青"减肥，大幅度减少精饲料。然而，精饲料减下去了，青饲料却供应不上来，特别是新鲜竹子、芦苇都不能保障，结果，"青青"的体重倒是降下来了，却失去了精气神，同年 11 月 23 日，"青青"的体重降到了 108 千克，达到了当时公认的成年雄性大熊猫"正常体重标准"。没有想到，11 月 25 日"青青"突然死亡了。尸检显示："青青"营养不良，转氨酶高，肝脏的生化指标异常，原来"青青"还有肝脏基础病。同时检查发现，"青青"的睾丸一大一小，这是先天缺陷啊！原来，"青青"不发情不仅仅是肥胖的原因。[③] 在当年"青青"问题的总结会上，技术员叶掬群提出"什么叫大熊猫肥胖？什么叫不胖？应该有个科学的标准。"[④]

　　遗憾的是，几年过去了，大熊猫体重的标准并无定论，体重标准是需要大量的数据和实践经验为基础的，而适龄雄性大熊猫的数量实在是太少了，几乎没有可以比较和参考的资料。眼下，大熊猫种公兽培育课题组又遇到了大熊猫肥胖的问题。如果对这一问题的认识没有突破，找不到判断大熊猫肥胖的科学依据，当下的种公兽培育试验也将受到严重的影响。

　　课题组成员认真地分析了以前的做法、看法，并仔细地回顾了大熊猫"青青"的案例，最后认为，由于可参考的资料少，前辈们在评价大熊猫是否肥胖时，已经固化在"体重"这个单一指标上了，应该说这样的认识是有失偏颇的。开会讨论时，王万民说到：工作中，要结合具体情况，进行个体分析，就像评价举重运动员，不能因为他们的体重远超普通人的标准就认为他们是体胖，除了体胖还有体壮的情况。就像人有体壮和体胖之分，动物也应该一样，尤其是

---

① 叶掬群工作日记。
② 叶掬群工作日记。
③ 北京动物园档案资料；叶掬群工作日记。
④ 叶掬群工作日记；北京动物园档案资料。

哺乳动物，雄性如果不在体格、体重、体能上占有绝对优势，要想完成争夺、追逐、交配的繁殖过程是很困难的。虽然大熊猫类比的案例稀少，但相近物种是可以参考的。如所有种类的熊，雄性的体重都远远超过了雌性，雄性棕熊的体重是雌性的2倍，北极熊甚至超过了雌性的3倍，与大熊猫体型相当的亚洲黑熊，雄性的体重也往往高出雌性40~60千克。由此可见，雄性体重远高于雌性，恰恰是熊科动物繁殖的需要，也是哺乳动物繁衍的重要条件。讨论的结果虽然没有定出雄性大熊猫的体重标准，但课题组达成了"不能把雄性大熊猫不发情的问题一并归结到单一体重上，也不能把肥胖与体壮混为一谈"的共识。[1]

大家统一了对体重标准的认识，继续按照课题设计的饲养方案培育"良良"，从体重、体能等方面综合考虑。1991年9月，"良良"5岁了，体长已经1.8米，体重高达150千克，创下了北京动物园雄性大熊猫体长和体重的最高值。最让人欣慰的是，别看"良良"块头大，精力却十分旺盛，依旧好动灵活，优良种公兽的基础架势已经摆出来了。[2]

看到"良良"的状态，园内工作人员想起了大熊猫"青青"，它们5岁时的体型、体重太相近了，"良良"会不会也像"青青"那样，体成熟了，性成熟了，就是等不来正常发情交配呢！对于这一点，项目组成员一点也不担心，因为"良良"的每个成长阶段都采取了与之相关的促进生殖生理发育的培育措施。"良良"生殖器官的发育状况都超过了"青青"。

其实，在制订培育计划之初，除了明确最终目标，课题组对培养过程和步骤并不十分清楚，除了从补充营养、加大运动量、坚持冷水浴和开展性诱导方面采取措施之外，不知道还有哪些措施。为此，在试验的开始阶段，课题组成员花了大量的时间了解雄性哺乳动物生殖生理的发育过程及繁殖行为特点，从中获得了不少新的认识和启发。在培养过程中，王万民关注到的一些细节，对大熊猫"良良"性成熟发育起到了重要作用。

资料显示，幼年大熊猫生殖器官外观极不明显，性成熟前，阴囊也未凸显。王万民注意到，发育良好的雄性大熊猫，在2岁半以后，就能在其后肢内侧的鼠蹊部位隐约看到睾丸。[3] 人体的鼠蹊部分布着大量的淋巴细胞，中医讲，常按摩此部位可以提高免疫力，还能起到补肾的作用，如果经常给未成年的"良良"按摩这个部位，是否还能起到促进生殖器官发育，提早达到性成熟的作用呢？于是，在王万民的建议下，课题组将按摩"良良"鼠蹊部增加为培

① 成都动物园 成都大熊猫繁育研究基地，1993. 成都国际大熊猫保护学术研讨会论文集 [C]. 成都：四川科学技术出版社.
② 马涛访谈记录：北京动物园档案资料.
③ 成都动物园 成都大熊猫繁育研究基地，1993. 成都国际大熊猫保护学术研讨会论文集 [C]. 成都：四川科学技术出版社.

养措施。①

按摩鼠蹊部一段时间后，效果十分明显。"良良"4岁半时，睾丸已经顺利降入了阴囊，还出现了一些性行为。②据资料，大熊猫只有睾丸下降到阴囊内才标志着性成熟。在人工饲养条件下，雄性大熊猫性成熟的年龄为5.5~7.5岁。③很显然，4.5岁的"良良"已提前达到了性成熟，打破了圈养大熊猫的历史纪录！"良良"的这一突破，提早了雄性大熊猫的繁殖年限，创造了国内外圈养雄性大熊猫发育奇迹。

多年来，在饲养方法上，大熊猫幼仔半岁以后便与母兽分开，由饲养员抚育，这样做的好处是可以保障幼年成活和母兽再度发情。但是也有不足的一面，幼仔失去了观察、模仿成年大熊猫社交行为和繁殖行为的机会。为了弥补这种缺失，在培育"良良"的初期，课题组就有针对性地开展了"认知异性"的诱导，通过频繁交换圈舍，让"良良"熟悉不同雌性大熊猫的气味、声音。"良良"性成熟后，又为"良良"增加了经常接触不同雌性的机会，让它逐步学会与异性交流。特别是在繁殖季，每天都会让"良良"观摩雌性的发情行为，同时适当地诱导它与雌性大熊猫接触，刺激其激素的产生。④

雄性哺乳动物在爬跨交配的过程中，后肢不仅要支撑全身的重量，还要承受制服母兽时产生的扭力。如果没有强有力的后肢，雄兽则很难实现成功交配。因此，在培养"良良"繁殖能力的过程中，在"良良"2岁后便开始了循序渐进地增强后肢力量的训练，这对最后的成功交配起到了极关键的作用。⑤

后肢训练的最初时期以爬阶梯、站立为主，随着"良良"的年龄和体能的增长，又提高了训练的强度和难度，训练动作也由站立逐步转变为直立行走。⑥如何让大熊猫"良良"主动接受后肢力量的训练，如何在强化训练中不伤及"良良"的身体，成为课题组必须处理好的重要问题。

其实，在课题组设置后肢力量的训练项目时，就已经想到了其中的难点，并为此做了培训方案。"良良"在马戏团训练时，王万民学习了食物诱导、"情感培养"（陪伴增进情感）等训兽方法。在"良良"年幼时，一直采用"情感培养"

① 成都动物园　成都大熊猫繁育研究基地，1993. 成都国际大熊猫保护学术研讨会论文集 [C]. 成都：四川科学技术出版社.
② 成都动物园　成都大熊猫繁育研究基地，1993. 成都国际大熊猫保护学术研讨会论文集 [C]. 成都：四川科学技术出版社.
③ 冯文和，张安居，1988. 大熊猫的生殖生理及人工繁殖 [M]. 成都：四川大学出版社.
④ 成都动物园　成都大熊猫繁育研究基地，1993. 成都国际大熊猫保护学术研讨会论文集 [C]. 成都：四川科学技术出版社.
⑤ 马涛访谈记录.
⑥ 马涛访谈记录；北京动物园档案资料。

法，无论是喂食、陪玩，还是刷毛、体检，饲养员都与"良良"零距离接触，增进感情的同时还取得了相互信任。正因为有了这般情感信任的基础，第一阶段培养"良良"爬阶梯的训练进展得格外顺利，只用很短的时间就实现了训练目标。第二阶段的直立训练有些难度，饲养员用大熊猫最爱吃的苹果等食物，慢慢抬高手臂来引逗"良良"站起来。开始时，"良良"站立很吃力，不由自主地扶墙、扶门去保持平衡，但最终它还是克服了困难，默契配合课题组一遍遍地练习站立。几个月下来，"良良"已能毫不费力地站立索要食物了。最困难的是第三阶段的站立行走训练，起初"良良"甚至出现了畏难和排斥情绪，可是，课题组对此一点也不着急，他们经常抚摸"良良"，一遍遍地劝导和鼓励它，而且，"良良"每一个小小的进步，都会得到课题组的夸赞和物质奖励，大大减轻了"良良"的心理压力。经过持续艰苦的训练，"良良"5岁时，已经能够站立10分钟之久了。①

（四）

1992年的春天，进入大熊猫繁殖季没多久，5岁半的"良良"早早地出现了发情征状，课题组当即决定，将"良良"调整到与母兽相邻的兽舍。如众人所盼，"良良"敏锐地嗅到了发情母兽的气味，情绪一下子兴奋起来，不仅频频发出求偶的颤叫，而且还不停地在圈舍里走动。为了让"良良"尽快熟悉当年参与繁殖的2只成年雌性大熊猫，课题组每隔一日就将"良良"轮换到不同母兽邻近的圈舍。在此期间，"良良"一直对母兽保持着极大兴趣。

4月24日，雌性大熊猫"乐乐"率先进入了发情高潮，课题组果断地将"良良"与"乐乐"合笼。"良良"主动上前抱住了"乐乐"试图爬跨。不过，"乐乐"似乎并不喜欢性急的"良良"，不仅不配合，反而大打出手。大家担心出现打斗咬伤，不得不紧急将它们分开。显然，均为初次交配的"良良"和"乐乐"，因没有经验，双方都不会相互配合，导致第一次交配失败。

为了不错失雌性大熊猫"乐乐"短暂的排卵期，技术员决定采取人工授精措施。经过研究，决定采集"良良"的精液。"良良"第一次采精，很顺利采出了精液，精液检测的结果更是让在场的所有人都激动不已，"良良"精子的活力竟高达90%，精子的密度也达到了每毫升10亿个！在当天，技术员便将"良良"的精子输给了雌性大熊猫"乐乐"。人工授精149天后，"乐乐"顺利地产下了一只重达180克的健康大熊猫幼仔。②这是课题组期盼的结果，并在

① 成都动物园 成都大熊猫繁育研究基地，1993. 成都国际大熊猫保护学术研讨会论文集［C］. 成都：四川科学技术出版社.
② 成都动物园 成都大熊猫繁育研究基地，1993. 成都国际大熊猫保护学术研讨会论文集［C］. 成都：四川科学技术出版社；马涛访谈记录；北京动物园档案资料.

社会上产生了很大的反响。这是
世界上第一例人工授精繁殖的一
对雌雄大熊猫产下的第二代人工
授精幼仔！

1992年大熊猫良良与乐乐交配

虽然，雄性大熊猫"良良"
第一次合笼没能与雌性大熊猫"乐
乐"自然交配成功，但"良良"
表现出积极主动爬跨交配的行为
让课题组对"良良"更加充满了
信心！况且，"良良"的精液质量
很好，要是再经过配种训练，让
"良良"成为一只会主动交配的种公兽指日可待。为尽快让"良良"掌握自然
交配能力，他们想出了一个办法，就是让有经验的雌性大熊猫引导"良良"实
现自然交配。

这时，大家想到了雌性大熊猫"永永"。"永永"有成功交配的经验，曾在
1990年和1991年通过自然交配，连续产下2只幼仔，非常懂得如何与公兽配
合，因此"永永"一定能胜任"教员"的任务。虽然，"永永"也在今年的繁
殖计划中，但是，眼下"永永"还没有进入发情高潮，像这样雌雄发情不同步
的现象，在圈养大熊猫饲养中十分常见，也是多年来影响自然交配成功的因素
之一。王万民说："这个问题难不倒我们，不就是让"永永"尽快发情吗？既
然雄性大熊猫能够受雌性大熊猫发情刺激，进入了发情状态，能不能反过来让
"良良"去刺激"永永"，让"永永"也早些进入发情高潮呢？"于是，课题组
尝试着每隔1小时就让"良良"和"永永"互换圈舍，让双方的气味产生相互
刺激的效应。果然，这种方法产生了奇效，刺激后的第一天，"永永"就跟随"良
良"进入了同步发情高潮。"良良"求偶的颤叫和撒尿行为更加频繁了，并且
还时而勃起了阴茎；在此同时，母兽"永永"也开始出现频繁跑动、颤叫等发
情表现，甚至还向"良良"做出了抬尾的动作。见此情景，课题组立即将"良良"
放进"永永"的圈舍，然后一遍遍呼唤"永永"，让它调整体位和姿势，引导"良
良"正确爬跨。"永永"也领会了课题组的用意，每一步都做得很到位，无奈
新手"良良"太性急，不管"永永"怎么引导，就是掌握不了合适的交配姿势
和角度，几次尝试爬跨都没有成功，最后还惹得母兽"永永"烦躁起来。

为了避免着急的"永永"与"良良"打斗，加深"良良"产生合笼恐惧的
不良反应，工作人员无奈将"良良"和"永永"分开。应验了老人的那句话"心
急吃不着热豆腐"，好事还要慢慢来。休息了一会，等"良良"平心定气下来后，

北京市政管理成果奖证书（1993年）

再次与"永永"合笼练习。就这样，"良良"的交配训练进行了一遍又一遍，"永永"更是一遍又一遍地耐心教授。为了让雌雄大熊猫保持良好的体力和精神状态，每训练一次，就让它们分开休息20~30分钟，同时适当地补充水和食物。①

5月17日，配种练习的第二天，"良良"的爬跨行为已经明显自如起来，下午时"良良"再度进入亢奋状态，课题组不失时机地将它与母兽"永永"合笼。这一次"良良"看起来非常自信，与"永永"磨合没多久，一举爬跨交配成功了，而且交配时长达到了3分钟！工作人员激动得叫出声来："太完美了！'良良'会自然交配了。"1992年5月17日15：05—15：08，成为雄性大熊猫"良良"创造历史的时刻。②

实现了自然交配后，课题组将兽舍整理得十分安静、舒适，同时准备了特供营养餐，还破天荒地购进了许多新鲜竹笋。大家相信，"良良"的能力远不止于此，他们要继续等待"良良"更好的表现。

果然，5月19日天刚亮，"良良"和"永永"双双再次进入了发情的巅峰状态，早上5点钟将它们合笼，5：05便成功地完成了第二次自然交配。当日10：41和21：59，精神饱满的"良良"与母兽"永永"又交配了2次。5月20日的上午10：30，"良良"第5次与"永永"交配，就此完成了当年的繁殖任务。在"良良"的5次交配中，时长最短的一次为1分45秒，最长的一次居然达到了5分钟！大家看到每次交配过程"良良"均采取了坐抱姿势，而且"高低相接、起伏相连的高频颤叫贯穿了始终"。③后来，坐抱姿势成了"良良"标准的交配姿势。

1992年的9月15日，大熊猫"永永"顺利产下了双胞胎，第一只幼仔被"永永"抱入怀中，母兽哺育成活，取名"永明"；第二只幼仔取出来，实施了

94

①成都动物园 成都大熊猫繁育研究基地，1993.成都国际大熊猫保护学术研讨会论文集［C］.成都：四川科学技术出版社.
②马涛访谈记录；成都动物园 成都大熊猫繁育研究基地，1993.成都国际大熊猫保护学术研讨会论文集［C］.成都：四川科学技术出版社.
③北京动物园档案资料；成都动物园 成都大熊猫繁育研究基地，1993.成都国际大熊猫保护学术研讨会论文集［C］.成都：四川科学技术出版社.

大熊猫"永明""永亮""京京"三兄弟

全人工育幼，取名"永亮"。这是"良良"第一次自然繁殖成活的健康幼仔。

长达 5 年艰辛的种公兽培育终于大功告成，人工授精繁殖的子二代雄性大熊猫实现了自然交配，再次破解了大熊猫繁殖难的问题，拓宽了圈养大熊猫种群扩大的途径，打破了"仅有野外种源大熊猫才会自然交配"的窘境。该研究成果获得北京市政管理优秀科技成果一等奖。为此，北京动物园两代大熊猫人奋斗了 20 年！

9 月 20 日，大熊猫"乐乐"也成功产下一只小仔，并哺育成活，取名"京京"。当时，北京动物园大熊猫"三兄弟"成为佳话。

从 1992 年起，雄性大熊猫"良良"开启了一段传奇的历史，到 2000 年，"良良"总共繁殖了 20 只幼仔，其中自然交配繁殖了 16 只，14 只幼仔顺利成活。"良良"的这段繁殖史，完美地展现了"大熊猫种公兽培育"的辉煌成果，并将北京动物园大熊猫繁殖工作推向了一个崭新的高峰。①

① 北京动物园档案资料。

1992年"培育大熊猫种公兽"首战告捷后，北京动物园再接再厉，将北京动物园繁殖的又一只雄性大熊猫"迎迎"培养成为优秀的种公兽。大熊猫"迎迎"，1991年8月15日出生，2.5岁时体重已达108千克，相当于成年公兽的体重；此时"迎迎"睾丸已降入阴囊，形如鸡蛋，并且对雌性表现出了强烈的兴趣，频频做出蹭尾、颤叫、排尿、阴茎勃起等发情行为，这些行为一般只有成年雄性大熊猫才会。1995年春季，"迎迎"3.6岁，发情行为更为典型、激烈。为了鉴定"迎迎"是否达到性成熟，4月12日对它进行了采精，精液检验结果显示活力达到了70%~80%，密度甚至高至15亿个／毫升，完全达到性成熟的标准。①

在此之后，北京动物园通过各种学术和技术交流的机会，将大熊猫种公兽的培育方法传授给国内外其他动物园。2003年，雄性大熊猫"迎迎"被交换到中国保护大熊猫研究中心，为中心的大熊猫繁殖立下了汗马功劳。②

二、困知勉行，破竹建瓴

（一）

1992年9月15日，北京动物园的大熊猫馆又传来一个特大喜讯，人工授精繁殖的公大熊猫"良良"与母大熊猫"永永"自然交配繁殖出了双胞胎小仔，并且两只新生幼仔都十分健康。然而，母兽"永永"仅抱起来其中的一只，任凭另一只新生仔在一旁大哭大叫，就是置若罔闻，6分钟过去了，工作人员不得不将第二只新生仔取了出来，喜悦瞬间掺杂了许多酸楚。

谁都知道，弃仔是大熊猫母兽不得已的行为。任何一个做母亲的，不到万不得已的时刻，是不会置自己亲生骨肉于不顾的。哺乳期的大熊猫母兽育幼实在太艰难了，幼仔的体重仅有自身的千分之一，发育不成熟，相当于早期的胎儿，若气温低于20℃胎儿便无法存活！在刚出生的头几天里，母兽不得不片刻不离地将幼仔抱在怀里，为它们保温、哺乳，舔舐阴部促进排便。此外，母兽还需经常舔舐初生幼仔全身，清理皮毛，促进其血液循环，提高抵抗力；哺乳过程中，需要经常调整它们的姿势，保障其舒适和运动……产后十几天的护理是幼仔成活的关键时期，大熊猫母兽宁可放弃自己进食和活动，原地不动地抱

① 许娟华，侯启民，王万民，等，大熊猫公兽迎迎2.5岁进入初情期，3.6岁采精成功。
② 许娟华，侯启民，王万民，等，大熊猫公兽迎迎2.5岁进入初情期，3.6岁采精成功；北京动物园档案资料。

着幼仔，忍受着极度的饥饿和疲劳，保证幼仔成活。"刚出生的大熊猫幼仔极其脆弱，大熊猫母兽进化出了这种不离不弃、专注的育幼方式，是给幼仔的一种补偿。"[①]同时，作为晚成熟的大熊猫初生儿，也适应出一套奇特的求生方式，"它们对挤压、触碰、冷热、饥饿、排泄等内外刺激极其敏感，稍有不适或需求即刻尖叫不止，直至满意后才安静下来"。[②]因此，大熊猫母兽很难有精力同时哺育两只幼仔。工作人员曾多次观察到大熊猫产后无暇照顾双仔的情景："第一只幼仔出生后，母兽即刻用嘴叼起抱在怀里，不时地舔舐。第二只幼仔出生后，母兽又去叼它，而这时却忽视了怀里的第一只幼仔，在前肢放松的片刻，第一只幼仔掉落下来。第一只幼仔离开母兽的怀抱便大叫起来，母兽听到叫声又去探身叼它，顾此失彼，抱起一个又掉了一个。母兽慌了手脚，很容易在慌忙中挤压死幼仔"。虽然，野外偶有大熊猫同时照顾两只幼仔的情况，但在圈养环境下，一胎双仔的死亡率竟高达72.7%，也就是说4只新生大熊猫幼仔中，仅有1只能存活下来。[③]

　　圈养环境下，大熊猫哺育幼仔的死亡率高，不只因为育幼过程艰难，很多时候还因为初产的大熊猫母兽缺乏哺育的能力。1992年，中国保护大熊猫研究中心与北京动物园合著的《人工哺育大熊猫初生幼兽的研究报告》中描述道："20多年来，圈养大熊猫共繁殖86胎124仔，仅活48仔，死76仔，死亡率高达71.3%。幼仔的死亡率如此之高，主要决定于两个因素：①一胎产二仔者几乎必死一只，有时双亡；圈养环境中已有38胎产2仔，仅成都动物园在人工辅助下成活过一胎双仔，其余37胎均早期死亡1仔或2仔。②初产母兽哺育死亡率高，圈养环境中经历初产的母兽有31只，其中9只育活了幼兽、占29.6%，22只未能育活幼兽、占70.4%。可见，在圈养环境中，多数大熊猫的哺育能力难以同时育活2仔，有时甚至连1只也不能育活，幼仔多在产后3日龄内被母兽挤死、压死或遗弃致死，少数在7~8日龄因病死亡。"

　　1976年，北京动物园开始尝试以人工育幼的方式挽救大熊猫弃仔的生命，然而，大熊猫人工育幼的难度超出一般人的想象。要知道，刚出生的大熊猫小仔，体重仅仅100多克，仍处于胎儿早期状态，为晚发育兽类，新生儿的组织器官还在发育初期，没有免疫力。要把它们养活了，谈何容易。虽然饲养人员一次又一次从母兽身旁取出弃仔，尽心竭力地哺育它们，却没有一次能够真正挽回它们的生命。20多年来，虽然北京动物园已经积累了丰富的野生动物人工育幼经验，人工育活过多种兽类的弃仔，单单北极熊就育活过10只；然而，用同样的育幼方法哺育大熊猫的弃仔，却没有一只能活过3天。[④]"一胎双仔只能存活母

① 赵学敏，2006. 大熊猫——人类共有的自然遗产 [M]. 北京：中国林业出版社 .
② 刘维新，刘农林，张和民，等，1993. 人工哺育大熊猫初生幼兽的研究 [J]. 科学通报（17）.
③ 北京动物园，1998. 北京动物园文集 [G]. 北京 : 中国农业大学出版社 .
④ 北京动物园档案资料。

兽自带的那一只"像是圈养大熊猫繁殖的铁律，成为工作人员不得不一次次面对的残酷现实。很显然，如此一年又一年费尽周折繁殖出的大熊猫新生仔，在瞬息之间便夭折的跌宕感受，除了大熊猫饲养人，恐怕再无人能体会了。

人工育幼的失败一个接着一个，意外的发生仍让人措手不及，有时甚至连呛口奶都会使幼仔倏然殒命。很多人甚至怀疑，也许人工根本不可能育活大熊猫的初生幼仔。① 尽管已经突破了大熊猫的人工授精和自然繁殖两项关键的技术，但不突破人工育幼这道壁垒，提高初生幼仔成活率，圈养大熊猫种群发展的前途依旧堪忧。因此，从 1980 年起，北京动物园便正式将大熊猫人工育幼设为每年的专项研究课题。②

1980—1990 年的 10 年间，北京动物园先后进行了 7 次人工育幼的试验，每一次工作人员都竭尽了全力。大熊猫初生仔的存活日期，从 2~3 天延长到 23天、35 天、45 天，最长的一只存活了 75 天。大家可知道，仅仅这 0~75 天的历程，是北京动物园领导、技术人员、兽医、饲养人员用 10 多年、近 20 只大熊猫小仔的生命一步步、一点点的积累换来的！③ 国内外其他动物园也都不遗余力地进行着大熊猫人工育幼的尝试，1980—1990 年成都动物园进行过 5 次，昆明动物园进行过 1 次，英国和西班牙、美国、墨西哥、日本也分别进行过 1 次，但结果如出一辙，新生幼仔只能存活 1~3 天。④ 人工哺育大熊猫新生仔好像是大自然宣布的禁地，始终无人能进入。

从大熊猫人工育幼最初十几年的历程看，北京动物园的工作人员为之付出的努力，似乎并非是循序渐进地前行，倒像是循环往复地围绕着原点打转转。1981 年人工养育的大熊猫初生仔突破性地存活了 75 天，但在之后的岁月里，那样的"成就"却没有再现。

（二）

尽管面对一年年的惨痛失败，但还是积累了大量的经验。北京动物园的工作人员相信，坚持下去，从教训中找到失败原因，只要不断摸索，把握住关键性的问题，终会有一天能够走出受挫的泥潭。⑤

功夫不负有心人，工作人员在不断探索中终于摸清了影响人工育幼成败的4 个主要问题：①保证育幼的环境和条件稳定；②提高初生幼仔的免疫力；

---

① 北京动物园，1998. 北京动物园文集 [G]. 北京：中国农业大学出版社．
② 北京动物园档案资料。
③ 北京动物园档案资料。
④ 北京动物园，1998. 北京动物园文集 [G]. 北京：中国农业大学出版社．
⑤ 北京动物园，1998. 北京动物园文集 [G]. 北京：中国农业大学出版社．

③提供初生幼仔需要的营养且有利于消化吸收；④加强初生幼仔的护理与保健。当时，虽然北京动物园还没有取得大熊猫人工育幼的成功，但却得到大熊猫饲养同行的积极评价，他们将北京动物园总结出的人工育幼经验和教训看作是重要参照，并认为，"北京动物园已基本上掌握了人工哺育大熊猫初生兽的技术"。[①]

大家给予北京动物园如此积极的评价不是没有道理的。首先，在大熊猫育幼环境和条件的问题上，北京动物园已经积累了丰富的经验和教训。由于饲养条件过于简陋，开始尝试人工育幼时，工作人员为了给初生幼仔保温，只得将它们揣在怀里，幼仔最多能活十几小时，直到1980年，北京动物园才获得赞助，有了育婴保温箱，尽管是婴儿用的育幼箱。[②]然而，那个年代，工作人员无从知晓大熊猫幼仔存活所需环境，即便有了保温箱，也不清楚如何设置保温箱内适宜的温度及湿度。第一次用保温箱时，北京还处在夏末季节，工作人员根据自身的感受，将保温箱的温度设定在体感舒适的22℃。让工作人员完全没有想到的是，大熊猫初生仔根本适应不了这样的环境，即便盖着小棉被，还是患上了急性肺炎，很快就不治而亡了。[③]这个教训让工作人员痛彻地领教了大熊猫新生仔脆弱的适应能力，大家痛定思痛，开始从大熊猫初生幼仔的生物学特征着手，对大熊猫母兽的育幼行为进行反复的分析，从测量哺乳母熊猫抱仔部位的温度和湿度开始，一点点地探寻出适于大熊猫初生幼仔生存的环境数据。

初生幼仔几无被毛，身体中的90%都是水分，发育不成熟，完全不具有适应温度变化的调节能力，因而保温和保湿都至关重要。工作人员注意到：幼仔刚出生几天，一般情况下，很难直接看到母兽怀中的初生幼仔，母兽用手臂将幼仔围裹在密闭的"小窝"里；母兽局部皮温一般有34~35℃，加上母兽不断呼出的热气，足以让其怀中的"小窝"保持着温暖和湿润的环境。因此，工作人员开始模拟母兽，为幼仔设置保温箱内的环境。新生仔出生后的第一周，工作人员将保温箱的温度恒定在与母兽皮温一致的范围，湿度则固定在70%左右；随着幼仔日龄的增长，适应能力逐日增强，工作人员再对保温箱的温度和湿度逐步进行下行调整。经过多年的实践，到了20世纪80年代后期，北京动物园已经积累了一整套资料，并整理出新生幼仔日龄调节保温箱温度、湿度及氧分压的数据和操作规程，至今在用。[④]

1983年人工育幼的失败，让工作人员第一次对大熊猫人工育幼外部环境

① 刘维新，刘农林，张和民，等，1993.人工哺育大熊猫初生幼兽的研究 [J].科学通报（17）:1598—1600.
② 老饲养员回忆录，北京动物园档案资料。
③ 张金国等大熊猫人工繁育史上的第一次。
④ 北京动物园，1998.北京动物园文集 [G].北京：中国农业大学出版社.

的重要性有了深刻认知。那是人工哺育谱系号 258 幼仔第 44~45 日龄时发生的事情，由于保温箱外的温度调节不当，幼仔感冒了，疾病发生突然，病情发展快，转眼便引发了肺炎，仅仅十几个小时便夺走了幼仔的性命。[①] 工作人员认真总结了这起用大熊猫幼仔生命换来的教训，在大熊猫人工育幼的规程上增添了一条新的要求：育幼室内同样需要有一个稳定的环境，温度至少要保持在 18~22℃，湿度则要保持在 65%~80%；饲养员接触初生幼仔时，必须保证手温达到保温箱内的温度。[②]

在四大关键问题中，最让工作人员伤脑筋的，莫过于如何提高大熊猫初生幼仔的抵抗力了，每一次人工育幼，大熊猫初生幼仔总是逃不脱感染疾病的"魔咒"，而面对患疾的幼仔，工作人员却显得那么无能为力，竟然没有一次救治措施是有效的。

哺乳动物的初生幼仔只要吃到母兽的初乳，就能提高免疫力，不易患病。因此，对于大熊猫新生幼仔来说，初乳尤为重要。通过解剖学和器官组织学的分析研究发现，大熊猫初生幼仔的机体发育水平还处于早期胎儿阶段，很不完全，初生幼仔的眼睛仍处于闭合状态，体表近乎全裸，无法调节自身体温，毫无适应外界环境的能力，免疫器官为迟发型，胸腺尚未发育，脾、淋巴结仅有低水平的发育，而且淋巴细胞极少，血清中免疫球蛋白低于 10 毫克／分升，浓度不到成年大熊猫正常值的 1/200。大熊猫幼仔出生时免疫力低，弃仔又未吃到母兽初乳，不能获得免疫球蛋白，因而抵抗力极其低下，极易被病原感染，且一旦被感染就无法控制，结果造成幼仔早期夭折。[③]

工作人员都知道初乳的重要性，但在大熊猫人工育幼的初期，并没有考虑从母兽那里获取初乳。首先，母兽也在哺育幼仔，不知道母兽的初乳能否满足 2 只新生仔的需要，繁殖工作的重心只能首先确保大熊猫母兽自带幼仔成活；其次，获取大熊猫母兽初乳的安全风险太大，面对哺乳期的猛兽，又不了解大熊猫的习性，人工育幼的机会并非年年有，工作人员无法积累操作经验。因此，为大熊猫弃仔提供免疫物质的可行途径，只有用其他动物的初乳替代，或者尝试人工补充。[④]

十几年来，北京动物园的工作人员为了给大熊猫新生幼仔寻找适用的初乳，几乎想到了所有能够提供初乳的途径，牛的初乳、羊的初乳、马的初乳、犬的初乳、猴的初乳……甚至连人的初乳都用上了，还曾经用哺乳母犬作义母

① 王长海，刘志刚访谈，北京动物园档案资料。
② 北京动物园，1998. 北京动物园文集 [G]. 北京：中国农业大学出版社 .
③ 北京动物园，1998. 北京动物园文集 [G]. 北京：中国农业大学出版社 .
④ 北京动物园档案资料；北京动物园，1998. 北京动物园文集 [G]. 北京：中国农业大学出版社 .

哺育，向社会上募集初生仔的母犬，就是用刚刚生过小仔的母犬哺育大熊猫小仔，饲养员安抚好母犬、拿着大熊猫小仔直接吸食。然而，没有一种方式能够达到大熊猫吃初乳那样的效果。同时工作人员还尝试人工配制初乳，甚至尝试过给大熊猫新生幼仔口服抗生素，注射胎盘球蛋白，但大熊猫新生幼仔依旧难以逃脱急性肺炎、肠炎综合征、细菌感染致死的噩运。[①] 那么，为什么其他动物的初乳，以及对人类有效的免疫措施，都无法满足大熊猫小仔生长发育的需要？这个问题困扰了工作人员多年，直到 20 世纪 90 年代，研究发现大熊猫的初乳中含有的母源抗体十分独特，不仅能为初生幼仔提供免疫球蛋白，还能帮助初生幼仔建立自身的免疫系统；此外，大熊猫的初乳还能促进初生幼仔营养吸收和排泄，而这些都是人工手段无法企及的。另外，大熊猫母兽的唾液中也含有丰富的免疫物质，口腔内含有特殊的微生物菌群，母兽通过不停地舔舐初生幼仔，就可以源源不断地将免疫物质提供给幼仔，并帮助小仔建立自己的消化道菌群，帮助它们抵御病原的侵袭，而这一点更是人工根本无法复制的。[②]

经过前期的人工育幼，工作人员在认识上取得了重大突破。首先，不宜采取注射法提高幼仔免疫力，应在人工初乳中添加免疫球蛋白，让初生幼仔通过肠道吸收，这样利于其自身免疫系统的发育；其次，有两个途径获取免疫球蛋白：一是从母兽血液中提取，二是用人血清免疫球蛋白替代。[③]

与其他动物人工育幼关键环节不同，工作人员对于大熊猫幼仔的营养问题一直存有较大的争议，原因是：初生大熊猫幼仔的消化系统远未发育完全，胃容量极小，胃肠黏膜极薄，肝和胰腺功能极弱。[④] 人工育幼新生幼仔时，事先要弄清适宜的乳汁营养成分、乳汁摄入量及乳汁的消化利用率。那么，到底什么营养结构的乳汁、多大的摄入量，才能既适宜幼仔娇嫩的消化道，又能满足幼仔快速生长的需求呢？

开展人工育幼的初期，工作人员主要用新鲜牛奶哺喂初生仔。在那时，用鲜牛奶哺育的其他哺乳动物乃至人类的婴儿，都能发育得不错，因此想当然地认为新鲜牛乳应当也适用于大熊猫初生幼仔。然而，实际操作中却发生了令人痛心的事件，哺喂新鲜牛奶没多久，大熊猫初生幼仔就出现了出血性肠炎，并且在数分钟内便不治而亡了。尸体解剖后，工作人员才看到幼仔的胃内充满了未消化的奶，肠道黏膜大面积严重出血。看到这些病变，工作人员认识到，是由于初乳的浓度、适喂量不当，因此牛奶也可能不适用。要想继续开展人工育

---

① 北京动物园档案资料。
② 刘维新访谈记录；北京动物园，1998. 北京动物园文集 [G]. 北京：中国农业大学出版社.
③ 北京动物园，1998. 北京动物园文集 [G]. 北京：中国农业大学出版社；王长海，张金国，等，全人工哺育大熊猫初生幼仔。
④ 张金国等大熊猫人工繁育史上的第一次；张和民，等，2003. 大熊猫繁殖研究 [M]. 北京：中国林业出版社.

幼，就必须首先找到适宜大熊猫初生幼仔的替代乳，而且"不管采用哪种奶，都得从稀到浓，从少到多，逐渐增加"，避免幼仔因摄入不适宜和超量的乳汁引发积食或肠道出血而丧生的事件发生。①

进入 20 世纪 80 年代，大熊猫人工育幼成为国内外动物园越来越紧迫的课题，研制大熊猫人工乳也显得愈加重要，并受到各方的极大重视。但是，当时国内的研究条件不能满足需要。1981 年 10 月，北京动物园与日本东京大学合作，率先对雌性大熊猫"涓涓"的乳汁成分进行了分析。分析结果令大熊猫的科研人员大为吃惊，大熊猫常乳的营养成分高得超出了想象。其中，粗脂肪的比重高达 9.1%，16 种氨基酸的总和占到 8.1%，粗蛋白也高达 5.1%，这些指标及比例与很多陆生哺乳动物的乳汁相差很大。1983 年 12 月，北京动物园又委托中国农业科学院饲料研究所，再次分析了大熊猫乳汁的成分。这两次分析的数据，丰富了工作人员对大熊猫幼仔营养需求的认知，同时对大熊猫人工乳的研制起到了十分关键的作用。1985 年，北京动物园技术人员比对发现，羊奶成分结构与大熊猫的相近，适于大熊猫幼仔消化吸收，于是开始用羊奶配制大熊猫人工乳的尝试。1990 年，北京动物园又委托中国农业科学院畜牧研究所，做了大熊猫乳汁和羊奶的成分化验和对比分析。② 这一系列检测研究，为日后大熊猫人工乳的配置提供了关键的科学依据。

采用新的人工乳配方，结合对哺乳量的控制，取得了一定效果。新生仔被"撑坏"的事故率大幅度降低，但营养不良的问题又成了新生幼仔死亡的重要原因。由于大熊猫幼仔生长发育速度十分迅速，正常情况下，出生后的半个月内体重便可增长 4~5 倍，但如果营养物质供给不足，幼仔不仅体重增长缓慢，而且发育也明显减缓，甚至停止生长，其结果必然导致幼仔体质更加虚弱，适应能力和抵抗力进一步下降，新生幼仔很难存活下来。另外，人工哺育的大熊猫幼仔与大熊猫母兽自带幼仔在体重、体质上也都存在着明显的差异。③ 最典型的案例要数那只人工育幼创纪录地存活了 75 天的大熊猫幼仔了。

1981 年 9 月 21 日，北京动物园大熊猫"岱岱"通过人工授精产下 2 只幼仔，第一只十分瘦小、活力不足，第二只竟是个死胎。虽然，这是"岱岱"第二次产仔了，但并无育幼经验。因此，工作人员只得将幼仔取出进行人工育幼，初生幼仔体重不足百克，由于过于虚弱，连最小号的奶嘴都无力吸吮，没人相信能活下来。这样的情景急坏了育幼人员，情急之下，一位技术员想出了用导管（人用的小号导尿管）注射饲喂的主意。大家也不知道幼仔口腔内的结构，怎么把导管插进食管去？其中的风险有多大世人皆知，也许弱小的初生幼

① 北京动物园，1998. 北京动物园文集 [G]. 北京：中国农业大学出版社 .
② 北京动物园档案资料。
③ 刘维新访谈记录；北京动物园，1998. 北京动物园文集 [G]. 北京：中国农业大学出版社 .

仔连插管的过程都挺不下来。抱着"死马当活马医"的想法用导管进行了尝试，没想到，竟准确地插进了食管，操作的工作人员凭借着良好的抗压心理和操作技术，硬是一滴一滴地喂奶，并且把幼仔喂活了 75 天。[①] 后来，这种创新的导管滴注式饲喂法，成为日后挽救大熊猫弱小初生幼仔生命的法宝。

为防止幼仔被"撑死"的事件再次发生，这一次，工作人员本着"宁可欠一点，也要保险"的原则。"岱岱"幼仔的生命力竟然超乎想象地顽强，尽管几经波折，还是挺过了 15 日龄内因免疫力低下而感染死亡的高发期，也闯过了 30~60 日龄因乳汁中干物质增加带来的消化道出血的风险，给足了工作人员冲向胜利的信心。可是，刘维新却依旧为幼仔捏了一把汗，他十分清楚，和大熊猫母兽自带的幼仔相比，人工育幼的幼仔虽然闯过了一道道关活了下来，但是情况不容乐观，小仔身体明显瘦弱，各项发育指标都不理想，软得连爬行都困难。这说明，人工配制乳和哺乳量跟不上幼仔生长发育所需的营养。因此，这只幼仔的体质每况愈下，一次突如其来的呼吸道感染，让它的生命定格在 75 日龄。那天是 12 月 4 日，之后，大熊猫人工育幼再次进入了寒冬。[②]

总结"岱岱"幼仔的哺育过程和死亡原因，大家再次认识到，幼仔早期生长得太快了，1 月龄内平均每天可增重 60~70 克，营养跟不上，幼仔的身体机能发育就跟不上，活动力极差；相反常常可见大熊猫母兽自带幼仔的肚子吃得圆滚滚的，却从来没有"撑坏"的现象。在大熊猫幼仔生长发育的过程中，不同日龄的营养需求如何计算？营养成分应该怎样配比？幼仔每天摄入多少配方乳，才能既满足生长需要，又保证撑不着？怎样才能让幼仔活动增加？在此之后的很多年里，这一系列的问题成为工作人员潜心研究和突破的重点。

为了进一步完善大熊猫人工乳配方和摄入标准，工作人员开始进行大熊猫幼仔营养代谢和吸收研究。他们首先将大熊猫幼仔（包括母兽自带幼仔）每天的排泄物全部收集上来，在实验室分析其中的营养成分和干物质的比重，然后通过与饲喂乳汁的营养成分比较，计算幼仔摄入与排泄物的差值和消化率，进而推算出幼仔能够消化吸收的营养物质成分和剂量。[③] 几年下来，工作人员最终总结出 1~15 日龄大熊猫幼仔的摄乳量与体重的比例关系，即体重大的幼仔，其摄乳量明显高于体重小的幼仔。通过测量母兽带仔吃奶前和吃奶后的体重差，分析每次的吃奶量。测量发现，大熊猫母兽自带幼仔每次摄乳量可达其自身重量的 40%~50%；并且，干物质、粗蛋白、粗脂肪的消化率竟能达到 90%

---

① 刘维新，刘农林，张和民，等,1993.人工哺育大熊猫初生幼兽的研究 [J].科学通报（17）；刘维新访谈记录；北京动物园档案资料。
② 刘维新访谈记录；北京动物园档案资料。
③ 北京动物园，1998.北京动物园文集 [G].北京：中国农业大学出版社.

上下。①研究表明，只要人工乳配制合理，人工哺喂方式得当，大熊猫弃仔就有可能摆脱摄乳过量或营养不良的双重困扰。

大熊猫幼仔营养需求与消化率的数据研究出来后，还需要经过实践来验证人工乳的配制效果。可是，进行这样验证的机会太稀少了，大熊猫不是每年繁殖，弃仔也不是年年有，即便有，倘若试制的人工乳配方不适宜，损失的不仅仅是那只来之不易的大熊猫幼仔，还有难得一次的验证机会。正因为验证人工乳的机会过于稀少，验证的条件过于苛刻，致使大熊猫幼仔营养问题的研究一直进展缓慢，20多年过去了，大熊猫人工育幼技术依然难有重大突破。

到了20世纪80年代末期，对人工育幼的探索研究还是取得了一些认识：①大熊猫的初乳中干物质的比重偏低，育幼时至少要为初生幼仔提供3天的初乳；②初步掌握了1~3日龄幼仔所需的几种免疫物质及营养物质的配比；③幼仔4日龄后，方可根据幼仔体重的增长，调整人工乳的配比；④初乳可以达到提高免疫效果和满足营养需求的双重作用。②

回忆过去那段艰难的历程，我们深知，大熊猫人工育幼前行的每一步，工作人员都要顶着沉重的压力，每一点点认识的提高，都是一只只大熊猫用小生命换来的。今天人们不该忘记为圈养大熊猫的繁衍献出毕生精力的众多老一代工作人员，也不该忘记那些用躯体为学科进步奠基的每一只大熊猫！

大熊猫幼仔护理是人工育幼的重要环节，因护理不当引发的大熊猫幼仔死亡事故不在少数。北京动物园总结护理经验和技术，发明了导管滴注饲喂技术，开创了育活极小大熊猫初生幼仔的先河，而且即便在今日，这项技术仍然是一项极少数人才能操作的高难育幼饲喂方式。

大熊猫人工育幼是一项系统工程，环境、初乳、人工乳、饲喂工具、饲喂操作等，每一项都至关重要。护理大熊猫幼仔看似是一些简单的操作，喂奶、排便、睡觉、运动、消毒等，每一项每一次都需要细心和耐心，操作时稍不注意就会发生不可挽回的意外。大熊猫幼仔喝奶往往性急，吸吮时奶嘴易被吸瘪，吃不到奶，幼仔会更加急躁，很容易发生呛奶事故；而为了便于幼仔吸吮，奶嘴的眼儿稍稍加大或奶瓶倾斜度稍有变化，幼仔呛奶的概率就会翻倍增加。千万不能小觑大熊猫幼仔呛奶一事，人工育幼的早期阶段，因呛奶造成幼仔意外死亡的事故发生过很多起，尸体解剖时，幼仔的肺泡中仍清晰可见存留的奶液。为此，北京动物园很早就制定了大熊猫人工育幼的操作规程，对每个

① 刘维新，刘农林，张和民，等，1993.人工哺育大熊猫初生幼兽的研究 [J].科学通报（17）．
② 刘维新，刘农林，张和民，等，1993.人工哺育大熊猫初生幼兽的研究 [J].科学通报（17）；刘维新访谈记录。

护理动作都有十分严苛的要求，既要求规范化，又要求熟练细致，还要求饲养人员"除有经验积累外，必须做事精心，对动物有爱心、耐心和责任心。"[1]

（三）

在大熊猫幼仔呛奶致死的事故中，最让人痛惜的莫过于"绿地"事件。1991年，中国保护大熊猫研究中心和北京动物园共同人工哺育的大熊猫幼仔"绿地"，存活了163天，最终还是因呛奶而丧生。在当时，"绿地"是人工育幼以来，最接近成功的一只。

事情还要追溯到1990年。为了提升中国保护大熊猫研究中心（以下简称"保护中心"）大熊猫繁殖的工作能力和水平，国家林业部（现国家林业和草原局）野生动植物保护司委托北京动物园、成都动物园、四川大学与中国保护大熊猫研究中心组成四方攻关小组，三方共同派专家赴保护中心进行技术指导。接到任务后，北京动物园领导非常重视，派工程师刘维新、刘林农带着多年积累的大熊猫繁殖资料和自行研制的人工授精和人工育幼的器具，来到卧龙国家级自然保护区，与同仁共同开展了繁育大熊猫的工作。[2] 刘维新回忆道："接到这项任务，感到很光荣，因为这是国家对北京动物园工作成绩的肯定。我们毫无保留地将大熊猫繁殖技术传授给兄弟单位，促进圈养大熊猫的整体发展。对于我个人来说，被派去执行国家部门委托的工作是一种荣誉，也是一种信任，自然会全力以赴地去完成任务。"[3]

专家们积极配合，经过数月的共同努力，在1991年春季，成功地实现了野外种源大熊猫"盼盼"和"冬冬"的自然交配及人工授精，并于当年的9月7日喜获大熊猫双胞胎宝宝。这个繁殖成果对当时的中国保护大熊猫研究中心来说，是大振人心的喜讯，工作人员为双仔取名为"白云"和"绿地"，示意着卧龙大熊猫的未来天高地远。由于大熊猫母兽"冬冬"只选择带第一只幼仔"白云"，技术人员当即取出被遗弃的"绿地"，开始了人工育幼。[4]

"绿地"出生时体重137克，体质相当不错，当务之急是让"绿地"尽快吃到初乳。因为无法获得母兽的初乳，育幼团队依据北京动物园的经验，紧急配制初乳，在乳液中除添加了最重要的免疫球蛋白外，还加入了维生素、钙粉、蟹籽研磨粉等。由于受当地条件限制，没有找到新鲜羊奶，不得不选用新鲜牛奶来替代。"绿地"出生3小时后，终于喝上育幼团队自制的初乳，并且，

---

① 王长海，刘志刚，刘维新访谈记录；北京动物园档案资料。
② 北京动物园档案资料。
③ 刘维新访谈记录。
④ 刘维新访谈记录。

4 小时后顺利地排出了胎粪。①

在哺育"绿地"期间，刘维新、刘林农将北京动物园全套的人工育幼经验传授给当地的工作人员，包括幼仔脐带消毒处理方法、育幼保温箱的温度和湿度、小棉被覆盖幼仔的方式、大熊猫幼仔特制奶瓶奶嘴的使用、人工乳的配制、每天哺喂的次数和剂量，以及喂奶、排便、环境消毒等规范的操作方法等。不仅如此，还手把手地教他们如何操作，例如：幼仔棉被覆盖和扶压力度要视幼仔反应酌定；要经常调整幼仔睡姿，趴卧时头要稍高，不宜让其仰卧；1 月龄幼仔每天哺喂乳汁 7~10 次，开始阶段每隔 3 小时人工哺喂 1 次为宜，间隔太短会影响幼仔睡眠；为避免呛奶，奶嘴要选择稍硬一点的；半个月内的喂奶和排便护理尽量在保温箱内；给幼仔称重要裹好棉被，室温保持在22~24℃；35 日龄后可全天暴露在保温箱中，50 日龄后可全天敞开保温箱盖，2 月龄后可放在室内木床上……② 除此而外，还为"绿地"制订了一套哺育护理的方案。在大熊猫"绿地"存活的那 163 天里，他们一直陪伴在旁，共同经历了多次困难。

虽然北京动物园、成都动物园积累了人工哺育大熊猫幼仔的经验，但人工育幼"绿地"是第一次多单位联合操作，因此，"绿地"成长的每一步，仍要靠育幼团队协力合作。在"绿地"出生后的半个月里，几次突发情况让它屡次三番地挣扎在生死线上，③ 让育幼团队处在时时提心吊胆、步步如履薄冰的紧张与不安的状态中。

在"绿地"出生后的第 2 天（9 月 8 日），由于喂奶操作不熟练，发生了呛奶，虽然并没有致命，却导致"绿地"一连几天虚弱不堪，体重一路下滑，一度跌至 97.5 克；9 月 10 日（呛奶后第 3 天）"绿地"的叫声微弱、身体衰竭，生命几近垂危。这是育幼团队第一次面对幼仔生命垂危的考验。经过积极抢救，"绿地"缓过气来，9 月 11 日摄乳量有所增加。

"绿地"出生的第 5 天（9 月 12 日）开始，体重连续 3 日止跌回升，被毛现出了黑白色；9 月 14 日，绿地的体重升到了 115.5 克。然而，就在育幼团队倍感安慰之时，9 月 15 日的上午 8 点，又因工作人员喂奶操作不当，"绿地"将奶液吸入气管。这一次的情况更加严重，仅过了 6 小时，"绿地"的身体状况便急转直下，先是没有了叫声，之后出现了抽搐，几近奄奄一息。工作人员慌忙采取了输氧、输液等一系列紧急抢救措施，沮丧的气氛让大家都透不过气来。经过 10 多个小时不停歇地奋力挽救，9 月 16 日的凌晨 0 时 30 分，"绿地"

---

① 刘维新，大熊猫全人工育幼。
② 刘维新访谈记录；北京动物园，1998.北京动物园文集 [G]. 北京：中国农业大学出版社.
③ 张金国，等，大熊猫人工繁育史上的第一次。

终于叫出声来，让工作人员看到了一些生命转机。刘维新回忆说，听到"绿地"那一声啼叫，宛如又一次看到一只大熊猫新生命的降生，当时的心情很快轻松了许多。当天，"绿地"逐渐恢复了吃奶。9月17日，"绿地"又恢复了排便，身体各项指标也逐一回到了正常。9月18日，"绿地"的体重增加了10克，达到123.5克，而且耳目的黑色轮廓也突显出来。可是，情况刚刚好了2天，9月20日，在工作人员打开保温箱喂奶时，"绿地"受了凉，很快出现了肺部的杂音，精神又衰弱下来。育幼团队再次火速采取输氧、输液等急救措施。9月21日，"绿地"的情况仍未好转，没有食欲，体重再度下降，而育幼团队能做的，就是全力救治。9月22日，"绿地"终于有了些食欲，精神好转，又一次获得重生。那一天正是"绿地"的15日龄。9月23日，工作人员继续对"绿地"实施间歇性的输氧，它的食欲恢复到正常，体重上升到153克，第一次超过了出生时的重量。[①]

2周过去了，"绿地"终于熬过了大熊猫幼仔生命最危险的阶段，而育幼团队则像坐过山车一样，经历了几番大起大落、大悲大喜的过程，承受了极大的心理考验。

"绿地"满月后，成长过程相对平稳，让人胆战心惊的日子已经很少了。不过，如果和姐姐"白云"相比，"绿地"在整个生长过程中，身体都明显弱小，一看就是营养不良、发育欠佳。尽管身体瘦小，但却阻挡不住"绿地"活泼调皮的天性，看着"绿地"一天天在嬉戏中长大，育幼团队无比欣慰，大家盼着只要过了6月龄，"绿地"成活的概率就会大大增加，并且还能创造首次成功人工育幼的奇迹。

然而，谁也没有想到，1992年2月3日，"绿地"163日龄那天的上午9时50分，工作人员给绿地喂奶时，边喝奶边玩耍的绿地突然呕吐起来，返流的乳汁和分泌物被误吸入肺部，很快就引发了肺炎。哺育团队急速采取了抢救措施，但这一次却没有那么幸运，抢救没能奏效，"绿地"高热不退，仅仅过了6个小时，"绿地"便因窒息心脏衰竭离世了。[②]

事发突然，经历了163天3 912小时，几十号人的辛苦，6小时就被带走了，让所有工作人员悲痛万分！当回首"绿地"这163天的经历时，工作人员除了惋惜外，还充满了感恩之情。因为"绿地"为我们留下了极为珍贵且较为完整的人工育幼资料，工作人员积累了处理初生幼仔险情的经验和方法。这163天里，"绿地"因呛奶引发咽炎、肺炎4次，因打开保温箱引发感冒2次，最终

① 刘维新，大熊猫人工育幼；刘维新访谈记录。
② 刘维新访谈记录；刘维新，刘农林，张和民，等，1993. 人工哺育大熊猫初生幼兽的研究 [J]. 科学通报（17）：1597—1600.

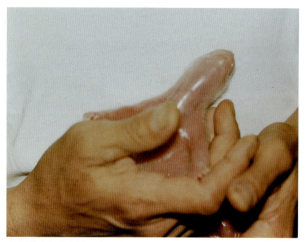
大熊猫"永亮"第一张照片

还是因误吸致肺炎而失去生命，而每次发生事故，都是由于护理操作不当引起。大家深深的体会到"幼仔护理的艰难，来不得半点马虎"，规范操作太重要了。此外，"绿地"与"白云"相比，体重一直不足"白云"的一半，生长发育明显迟缓。这说明人工育幼提供的营养物质不合理、不全面。"绿地"虽然仅存活 163 天，但创造了当时人工育幼大熊猫最长的纪录。

（四）

　　1992 年，中国保护大熊猫研究中心与北京动物园共同撰写的《人工哺育大熊猫初生幼兽研究》报告刚刚完成，工程师刘维新、刘农林就被紧急召回，为北京动物园当年的人工育幼做准备。这一次，北京动物园一如既往地安排了强大的人工育幼工作组，既有刘维新、刘农林等大熊猫繁殖经验丰富的技术员，又有王长海、刘志刚等野生动物人工育幼经验丰富的饲养员，负责人依旧由刘维新担任。工作组还提前对育幼工作的时间和程序做了周密的计划和安排，明确了白天固定 2 名女饲养员值班，夜晚则由固定的 2 名男饲养员当班，保证人员和工作时间稳定，配合默契。①

　　1992 年 9 月 15 日，雌性大熊猫"永永"生了双胞胎，第 1 只出生后，母兽"永永"自己抱着护理；产下第 2 只新生幼仔后，母兽"永永"抱着一只幼仔，无暇顾及老二。6 分钟后，趁"永永"转过身的机会，工作人员迅速将其拿了出来，立即在办公室为幼仔处理了脐带，进行了初步体检。体检显示，初生幼仔的被毛完整，没有受伤，叫声洪亮，非常健康，虽然它的个头略小于第一只初生幼仔，但体长有 18 厘米，体重达 150 克，发育良好。35 分钟后，工作人员将初生幼仔放进了保温箱，送到育幼室，开始了北京动物园的第 8 次大熊猫人工育幼。幼仔住进了当时条件最好的育幼箱。②当天，大熊猫双胞胎幼仔的名字也确定下来，母兽自带的老大叫"永明"，老二叫"永亮"。

　　在育幼室里，"永亮"开始了与它同胞兄弟完全不一样的生活。此刻，育幼团队已经依据人工育幼预案给"永亮"配制初乳，添加免疫球蛋白等。配制

漫漫求索路　殷殷国宝情
——北京动物园大熊猫易地保护研究纪实

---

① 王长海、刘志刚访谈记录。
② 北京动物园档案资料。

初乳工作还是不顺利，那个时期，北京动物园还没有冷藏设施，免疫球蛋白属于珍贵生物类药品，保质期短，无法提前储备。所以，只能在第一时间派人去购买。技术员谢钟丝毫不敢耽搁，火速赶往北京市配药中心采购。哪里想到，那天的情况竟如此不凑巧，不仅配药中心的免疫球蛋白断了货，接连跑了几家储备该药品的机构也没货！消息传来，急坏了育幼团队，怎么办？如果大熊猫幼仔在出生的第一天不能吃到免疫球蛋白，直接关系到幼仔能否存活。如果最终找不到免疫球蛋白，就不得不给"永亮"注射抗生素了。给大熊猫初生幼仔注射抗生素是下下策，虽然抗生素可以帮助幼仔抗菌，但抗生素是把双刃剑，幼仔的循环系统发育不完善，影响吸收，还会对幼仔自身免疫系统的发育产生影响，不利于幼仔免疫机能

大熊猫"永亮"用育幼箱

大熊猫"永亮"第一次喝奶

的发育和建立。因此，尽管眼下育幼团队万分焦急，也不得不按捺着情绪，等待采购药品的新消息。[1]

此时，谢钟同样心如火焚。在那时，即便是首都北京，通讯和交通依旧有诸多不便，为找到药品，谢钟需要骑着自行车亲自到市内各药品储备机构挨个询问。还好，终于在一家药品检验所找到了免疫球蛋白！当晚，新生幼仔"永亮"喝上了配有免疫球蛋白的初乳。[2]

虽然提供了免疫球蛋白，但是提高小仔免疫力的问题还是没有彻底解决。育幼团队闪现出一个新的想法，可否从大熊猫的血液中提取血清作为免疫物质提供给幼仔呢？由于没有经验，有很大风险，经过讨论，大家决定还是冒险探索，第二天，"永亮"摄入了含有大熊猫血清提取物的人工乳。在"永亮"平安度过 3 日龄后，又在乳汁中添加了胸腺肽。[3] 工作人员采取了一系列综合免疫措施后，帮助"永亮"渡过了艰难、脆弱的关键阶段，这一阶段没有发生消

---

① 刘维新访谈记录。
② 刘维新访谈记录；北京动物园档案资料。
③ 刘维新，王长海，刘志刚访谈记录。

饲养员第一次刺激"永亮"排便

化和呼吸系统疾病，状况良好。这一次，拓宽了大熊猫免疫物质使用范围。

接下来，又要面对另一个人工育幼的关键环节，即确保在哺喂操作上不出差错。为此，北京动物园特意安排了人工育幼经验最丰富的王长海和刘志刚两位师傅，两人24小时值班。决定让他们全面负责此次哺育大熊猫幼仔的实际操作，不光因为王长海和刘志刚师傅多年从事野生动物的人工育幼工作，经他们之手育活的兽类就有数十只之多，更因为他们对育幼工作一贯认真负责，对待幼兽特别耐心和细心。然而对于王长海和刘志刚师傅来说，虽然人工育幼的经验很丰富，但哺育大熊猫的初生幼仔还是第一次，并且，对大熊猫人工育幼的艰难和风险也早有耳闻。因此，接受了任务后，他们就开始着手做育幼的准备，首先了解大熊猫幼仔的特性，从大熊猫人工育幼的环境、器具，到人工育幼的规程、经验教训等入手。他们反复研究历史资料，并与刘维新、刘农林、谢钟多次交流，生怕疏漏了某个环节，生怕在日后的工作中出现差池。

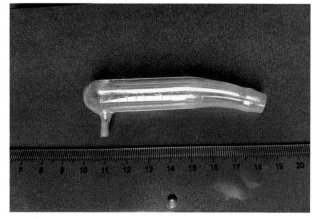

北京动物园研制大熊猫小仔专用奶瓶

尽管事前准备得很充分，但当第一次上手操作哺喂时，两位师傅还是发现了不少意想不到的问题。首先是之前设计制作的哺喂大熊猫初生幼仔的奶瓶和奶嘴，用起来不顺手，难把握。大熊猫初生幼仔一顿只能摄入零点几至几毫升的乳汁，而现用的奶瓶显得过大，不易准确把握乳汁的摄入量；奶嘴也显得过软，幼仔吸吮时很容易吸瘪，吸不出奶了就着急，从而引发呛奶。他们建议，根据大熊猫幼仔成长速度和体重，可考虑制作不同生长阶段适用的哺喂用具。根据两位师傅的建议，育幼团队紧急重新设计了易于哺喂大熊猫新生幼仔的奶瓶和奶嘴，并画出草图、标注尺寸，然后拿着图纸，专程赶往远在北京城南的玻璃器具厂和乳胶厂上门定制。①

新设计制作的初生大熊猫用的奶瓶和奶嘴造型十分独特，大小更适合单手握拿，奶瓶只有手指粗，靠近奶瓶的底部一侧特制了一个凸起的小气孔，气孔上安有气门芯（自行车用），喂奶时可以用拇指和食指控制气门芯，根据幼仔摄乳情况，自主调节乳汁的流速；奶嘴也较之前用的缩小了很多，特别增大了硬度，这样幼仔怎么吸吮也不会瘪下去。新设计制作的奶瓶和奶嘴，使用很方便，在哺育大熊猫"永亮"期间，没有发生过一次呛奶事故。②当然，这样的结果与整个育幼团队严格遵守操作规程、自始至终精心哺喂是分不开的。

经过北京动物园一代又一代大熊猫育幼团队的不断创新和改进，最终制作出了一整套适于大熊猫幼仔不同生长期的哺喂用具，其中奶瓶有7种规格，奶嘴有5种规格，这些哺喂用具一直沿用至今。后来根据使用情况，北京动物园还毫无保留地将全套自主设计的育幼工具和使用经验介绍给了兄弟单位。③

在整个育幼期间，"永亮"的育幼团队不敢有片刻的思想松懈。虽然"永亮"每天摄入的乳汁均配有免疫物质，但他们依然始终把预防感染的问题摆在最重要的位置。为防止消化系统疾病发生，育幼团队除了每次都要对幼仔所用器具进行煮沸和严格的高温消毒，还要专程到北京市蒸馏水站采购蒸馏水，用于配制人工乳和作为保温箱的加湿液。为防止有害菌从呼吸道侵袭幼仔，育幼团队

① 王长海，刘志刚访谈记录。
② 王长海，刘志刚访谈记录。
③ 王长海，张金国，许娟华，等，全人工哺育大熊猫初生幼仔。

北京动物园研制的大熊猫专用奶嘴

每天还要用酒精擦拭保温箱，用紫外灯对育幼室内、幼仔被服及工作人员的衣物进行照射消毒。除此之外，还特别要求饲养员接触幼仔之前，必须清洗双手后再用酒精消毒一遍。说起这些往事，师傅们都十分感慨地说："由于每天要反复用酒精消毒双手，大家手上的皮褪了一层又一层，很不舒服，但没人在意这一点，只觉得那是工作的需要。"①

除了用几近苛刻的消毒制度来预防幼仔发生感染外，还汲取了幼仔"绿地"有效的医疗保健经验，对"永亮"实施了严密的监测。每天要多次定时为"永亮"测量体温、呼吸节律、心率，还要观察和记录"永亮"的食欲和排泄物，计量幼仔摄入和排泄的数值，并且收集化验分析排泄物，随时了解幼仔的消化情况。这些严密的防范措施，能够确保及时发现问题、快速分析原因，并尽早采取纠正措施。因此，幼仔"永亮"6个月以前，没有发生过一次感染和消化道的问题。②

同时，育幼团队坚持把每一个护理环节做到极致。例如：育幼人员不得穿外衣直接进入育幼室，室温24小时保持在25℃，打开保温箱时注意遮挡开口，接触幼仔前先暖手……在育幼团队细致入微地护理下，幼仔"永亮"平平安安

① 王长海，刘志刚访谈记录。
② 王长海，刘志刚访谈记录。

地度过了最易受风感冒的关口期。①

　　其实，在哺育大熊猫幼仔"永亮"的过程中，护理内容远远超出了操作规程要求的范畴，他们总能在细微之处发现问题，又总能通过及时地采取措施解决问题。刘维新总结到，之所以很多问题能够及时发现并解决，就是因为大家都能细致地观察幼仔，认真揣摩幼仔行为所表达的信息，并据此及时调整环境条件、操作方式及采取相应的措施。所以，"永亮"始终能够生活在一个舒适和安全的环境中。②

　　"永亮"刚出生时，一次摄入乳汁量不能超过4毫克，即便是如此微量的乳汁，也不一定能一次喝完，常常是吸吮两口就要休息一会儿，有时甚至还睡上一小觉再接着吃。"永亮"的这种摄乳行为，着实考验着工作人员的耐性。王长海和刘志刚师傅回忆道："即便小仔在喝奶中睡着了，我们也得保持着喂奶的姿势，静静地等待它醒过来再喝，因此，喂一次奶花费个把小时是常有的事。"

　　采访时，听到这样的述说难免不理解地问："为什么一定要让幼仔把奶喝完？能喝多少算多少呗。"刘志刚师傅连忙摇头解释："那样可不行，一次摄乳多少是有定量的，幼仔发育快，每天都有变化，摄乳不足会造成营养欠缺，影响发育。而且我们也不能催促幼仔吸吮，那样会有呛奶的危险。"刘志刚师傅补充道："那时，限于饲养环境条件，育幼保温箱摆放的位置对于我们男饲养员来说显得有些低矮，每次喂奶都得弯着腰，如果赶上幼仔喝得慢或睡着了，我们也得一动不动地弓着腰盯着幼仔，直至把奶喝完。有时喂奶要超过1个小时，喂完后感觉腰酸得快要直不起来了。即便如此，我们还是坚持下来，并且，每次都能让幼仔按定量吃完，从来没有发生过呛奶事故。"

　　王长海师傅还特别强调说："我们干了那么多年的人工育幼，深知要让幼仔长得快、长得壮，就得让它们吃好，同时还得让它们休息好。和其他兽类新生仔相比，大熊猫的幼仔算是矫情的，有一点不舒服就会哭闹，安生不下来，直至感觉舒服了，才肯入睡。经常看到大熊猫妈妈不断调整抱幼仔的姿势，不然的话幼仔会叫个不停。我们发现幼仔爱哭爱闹的问题后，第一反应是把手伸进保温箱捂着它、安抚它，让它有在母兽怀抱里的感觉。果然，在我们的手掌下，幼仔很快就能停止哭闹，安稳地入睡。可是，当我们的手一离开，它又开始大喊大叫，还不停地蠕动。养过孩子的父母也有同样的体会，有时小孩就是不能离开母亲的怀抱，必须抱着，不能放下。为了让幼仔好好地睡个长觉，我们经常是弯着腰，久久地站在保温箱前用手捂着它。虽然这种方法哄幼仔睡觉有些辛苦，但却是我们心甘情愿做的，因为我们热爱大熊猫，希望通过我们的

① 王长海，刘志刚访谈记录。
② 刘维新访谈记录。

付出让幼仔活下来，活得健康。渐渐地我们摸透了幼仔的脾气，掌握了幼仔的喜好和扶压力度，于是，我们就亲手给幼仔缝制舒适的小棉被，每次睡觉时，给幼仔盖好被子后，都要适当地压紧被子的两侧，让幼仔有在母兽怀中的感觉，这样它就不再哭闹了，睡得也非常安稳。"① 后来，北京动物园的这条育幼经验也被写入大熊猫人工育幼的操作规程中。

大熊猫人工育幼涉及的技术问题是多方面的，但最核心的还是幼仔的营养问题，在过往人工哺育的幼仔中，发生的主要问题是幼仔因营养不良导致体质虚弱、适应能力差、抵抗力低，一旦生病就无法救治。此次大熊猫人工育幼的试验若不能在营养问题上有所突破，幼仔"永亮"仍然逃脱不掉"发育不良，难成活"的厄运。可是，怎么才能保障幼仔既能摄入充足的营养，又不发生消化不良呢？育幼团队重新梳理和分析了大熊猫幼仔的机体组织及消化、发育特征，分析和研究了大熊猫母兽育仔和母乳成分的特点，总结了过往人工育幼中出现过的问题。经过分析讨论，确定采取"宁可亏欠一点，也要避免幼仔撑死，少食多餐"的办法。

通过对大熊猫母乳成分及母兽育仔特点的分析，育幼团队归纳出了以往对初生幼仔营养问题认识的不足之处。首先，对大熊猫幼仔消化能力的认识比较粗浅，配制的人工乳中营养物质的含量较低。其次，对幼仔发育与营养需求的变化特点认识得不全，没有把握幼仔各个生长发育阶段的营养需求结构和需求量。②

于是，育幼团队调整了每一阶段人工乳的配制原则。首先，饲喂初乳阶段由 1~4 日龄更改为 1~3 日龄，配制初乳要添加多种免疫物质，选用乳糖、乳脂含量较低，蛋白质含量适中的奶粉，同时添加适量维生素。其次，将哺喂过渡期乳的阶段由 5~24 日龄改为 4~30 日龄，过渡期乳要选用蛋白高、乳脂适中、乳糖含量较低的奶粉，添加必要的微量元素和维生素等。再次，哺喂常规乳确定在幼仔 31 日龄之后（人工育幼成功后，课题组将常规乳的适用阶段确定为幼仔 31~180 日龄）；常规乳需选用蛋白高、乳脂高、乳糖适中的奶粉，还应另外补充鸡蛋、微量元素等其他营养物质。③

资料显示，大熊猫的常乳中营养物质含量很高，乳蛋白占 5.6%，乳脂更是高达 9.1%，大熊猫幼仔消化吸收得很好，即便是刚出生的幼仔，其粗蛋白和粗脂肪消化率也可达到 90% 和 70% 以上，说明幼仔有较强的消化吸收能力，

---

① 王长海，刘志刚访谈记录。
② 北京动物园档案资料；刘维新访谈记录。
③ 刘维新，等，全人工哺育大熊猫初生兽的研究；王长海，张金国，许娟华，等，全人工哺育大熊猫初生幼仔。

母乳成分更适合幼仔消化吸收。[①] 针对幼仔的这些消化特点，育幼团队制定了全新的大熊猫人工乳的营养参数（详情见表1）。

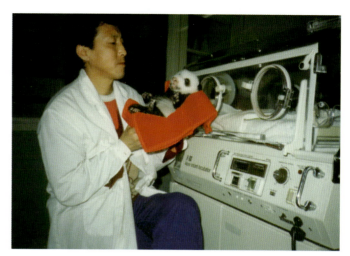

饲养员王长海饲喂大熊猫"永亮"

表1　不同大熊猫幼仔人工乳供给构成

项目	乳汁成分目录	"永亮"的配方	北京过往育幼配方	"绿地"的配方	大熊猫母乳成分
初乳 （1~3日龄）	浓度（奶粉：水）	1：6	—	1：8	—
	干物质摄入量（克／天）	5.87	0.85	1.08	—
	干物质比例（%）	7.06	—	12.15	—
	粗蛋白摄入量（克／天）	1.32	0.21	0.16~0.41	—
	粗蛋白比例（%）	3.84	—	1.76	6.34
	粗脂肪摄入量（克／天）	1.63	0.26	0.12~0.32	—
	粗脂肪比例（%）	4.74	—	1.38	5.52
过渡期乳 （4~30日龄）	浓度（奶粉：水）	1：（5~5.5）	—	1：6	比重=1.089
	干物质摄入量（克／天）	17.5~32.4	3.1~9.6	—	—
	干物质比例（%）	20.34	—	—	—
	粗蛋白摄入量（克／天）	5.36~9.83	0.79~2.44	4.11	—
	粗蛋白比例（%）	5.20	—	5.72	5.6
	粗脂肪摄入量（克／天）	5.5~10.59	0.95~2.95	3.42	—
	粗脂肪比例（%）	6.09	—	4.88	9.1
常规乳 （30~150日龄）	浓度（奶粉：水）	1：5	—	1：（4~5.5）	—
	干物质摄入量（克／天）	32.4~267.5	20.02	11.4~165.4	—
	干物质比例（%）	20.5	—	—	32.0
	粗蛋白摄入量（克／天）	9.8~69.2	5.08~	4.11~63.2	—
	粗蛋白比例（%）	5.55	—	6.49~8.92	8.34
	粗脂肪摄入量（克／天）	10.6~71.0	6.16~	3.42~51.8	—
	粗脂肪比例（%）	6.06	—	5.32~7.31	18.4

资料来源：①大熊猫幼仔"永亮"及北京动物园育幼数据，引自刘维新等，全人工哺育大熊猫初生兽的研究。②大熊猫幼仔"绿地"数据，引自刘维新，刘农林等，人工哺育大熊猫初生幼兽的研究 [J]，科学通报，1993（17）。③大熊猫母乳数据，引自张和民等著，大熊猫繁殖研究（初乳）；1981年日本东京大学大熊猫母乳分析报告（过渡期乳）；张和民等著，大熊猫繁殖研究（常规乳）。

———————————
① 刘维新，等，全人工哺育大熊猫初生兽的研究；刘维新访谈记录。

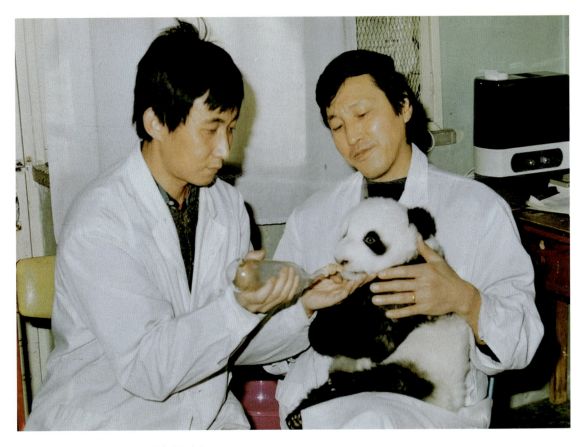

饲养员刘志刚与王长海饲喂大熊猫"永亮"

与大熊猫"绿地"的人工乳配方相比,为"永亮"配制的人工乳中,营养物质含量得到全面的提升。添加的免疫物质由单一变为多样,奶粉与水的比例由1∶8提高到1∶6,其中粗蛋白和粗脂肪的含量分别提高了2倍和3倍。这样,"永亮"每日干物质的摄入量达到5.87克／千克,提高了5倍之多,并采取了少食多餐的饲喂方法,每日哺喂次数增加到了11次。

改进初乳配方及饲喂方法后,"永亮"平安地度过了最危险的前3天,除1日龄的体重是负增长外,2~3日龄的体重都保持在同等水平上,从4日龄之后,"永亮"的体重一直处于稳步上升的状态。①

闯过了大熊猫人工育幼的第一关后,大家把注意力集中到过渡期人工乳的配方。在分析历史数据时,大家注意到幼仔半月龄前的消化率较高,身体对水的需求量很大;半月龄后对水的需求有所下降,同时对干物质和其他营养物质的消化率显著提高。大家根据幼仔消化特点调整过渡期配方:如,乳汁浓度

———————————
① 刘维新,等,全人工哺育大熊猫初生兽的研究;刘维新访谈记录。

由原配方的 1 : 6 提高到 1 : （5~5.5）；干物质的比重更是由 7.06% 快速提高到 20.5%；其他营养物质的含量及哺喂量也提高了 1 倍。人工乳更浓了，饲喂量更大了，调整"永亮"的哺喂次数，由 11 次降到了 7 次，每日总的营养摄入增加了。

改进过渡期乳的配方，同样具有很大的风险，配方的营养构成已经大大超出了以往人工乳的配制要求，与大熊猫"绿地"的过渡期乳配方相比，也有明显的不同。例如："绿地"的粗蛋白最大日供给量为 4.11 克，粗脂肪的最大日供给量为 3.42 克，而"永亮"的这两项供给值分别是 5.36~9.83 克和 5.5~10.59 克。[①]

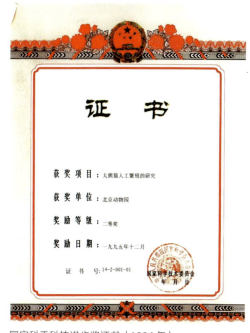

国家科委科技进步奖证书（1994 年）

"永亮"的体重平稳增加，满月那天，体重由出生时的 150 克增长到 750 克，整整提高了 5 倍；"永亮"的免疫力也有明显提高，离开保温箱后，也未感染过疾病。但是，与大熊猫母兽哺育的孪生哥哥"永明"相比，"永亮"的生长发育还是显现出了不足，其体重仅是"永明"的 1/2 略多，发育水平依旧偏低。[②]

大熊猫"永亮"满月后，进入了常乳饲喂阶段，生长发育速度加快，对营养物质的需求和消化能力同步增强。2 月龄以后，摄入的奶量增长得较快，但排出的粪便并没有相应增多。化验分析显示，这一时期幼仔的消化率可达到 95% 以上。为了保证营养，提高生长速度，在常规乳中，继续提高营养成分应该是可行的。因此，在配制人工乳时，又进一步提高了浓度，以及粗蛋白和粗脂肪的比重，即高浓度、高蛋白、高脂肪的"三高"。[③]

为了确保提高人工乳的营养成分后"永亮"不出现消化不良现象，在配制常规乳时，仍将干物质的比重控制在 20% 的水平，并依据"永亮"体重的变化，及时调整干物质日供给量。在"永亮"1 月龄时，每天哺喂的干物质为 32.4 克，到了 6 月龄时已经增加到每天 311.4 克，几乎提高了 10 倍。[④]

过渡期的"三高"配方取得了明显的成效，"永亮"体重的增长势头持续

117

① 刘维新，刘农林，张和民，等，1993. 人工哺育大熊猫初生幼兽的研究 [J]. 科学通报（17）:1597—1600.
② 王长海，张金国，许娟华，等，全人工哺育大熊猫初生幼仔；刘维新访谈记录。
③ 刘维新，等，全人工哺育大熊猫初生兽的研究；刘维新访谈记录。
④ 刘维新，等，全人工哺育大熊猫初生兽的研究；刘维新访谈记录。

加快，2月龄时，体重由满月时的 750 克，增加到 3 125 克；到了 3 月龄，永亮的体重翻倍到 6 800 克；4 月龄时，体重继续上升到 10 750 克；6 月龄时，永亮的体重再度翻倍，达到了 19 600 克，已经与母兽哺育的孪生兄弟"永明"的体重相差无几了！更令人欣慰的是，此时的"永亮"健康活泼，各项生长发育指标均为正常，与"永明"相比，体质、体能、牙齿、感官功能和行为的发育并无明显差别。① 按照动物园行业惯例，新生幼仔成活到半岁（6 月龄），即算成活。全人工哺育大熊猫幼仔终于大获成功！"永亮"出生后没有吃过一口母乳，在全人工环境下哺育成活。当北京动物园向世人宣布这一大熊猫饲养繁殖史上的又一重大创举时，两代大熊猫饲养人都激动得哽咽了。这是北京动物园的荣誉，是整个大熊猫界的荣誉！20 年过去了，北京动物园一代接着一代的求索，终于打破了大熊猫幼仔成活难困局，开辟了人工哺育大熊猫幼仔的新天地，为圈养大熊猫种群增长开创了一个新的途径。在哺育"永亮"的实践中，育幼团队进一步完善了大熊猫人工育幼操作技术，为人工育幼技术的推广奠定了重要基础。

1993 年的 8 月，北京动物园组织召开了"全人工哺育大熊猫初生幼兽"技术鉴定会。会上，中国科学院动物研究所等单位的 7 名专家组成了鉴定委员会，肯定了全人工哺育初生幼兽科研的成功。首例全人工育活大熊猫幼仔的消息在国内外引起了轰动，得到了很高的赞誉。1994 年，国家科学技术委员会为此项研究成果授予了"科技进步二等奖"。②

首例人工哺育的大熊猫"永亮"成活了，并且发育正常。但大家十分清楚：这仅仅是 20 多年来探索大熊猫人工育幼技术向前迈出的一大步，还有许多关键性问题没有解释清楚，如，"在体重等方面，人工育幼与母兽育幼（特别是 1 月龄内）存在明显差异的原因"等，有待开展进一步研究，需要在接下来的实践中，继续开展深入研究，只有从理论上解释清楚了，才能提高大熊猫人工育幼的整体水平。③

118

---

① 刘维新，等，全人工哺育大熊猫初生兽的研究；王长海，张金国，许娟华，等，全人工哺育大熊猫初生幼仔。
② 北京动物园档案资料。
③ 刘维新，等，全人工哺育大熊猫初生兽的研究；刘维新访谈记录。

三、探赜索隐，钩深致远

（一）

至 20 世纪 90 年代初，北京动物园基本掌握了雌雄大熊猫的繁殖行为和雌性大熊猫的排卵规律，研究掌握了人工授精、早期妊娠检测、种公兽培育和全人工育幼等大熊猫繁育的关键性技术，为保护和延续这一中国特有的珍稀濒危物种做出了卓越、不可磨灭的贡献。

但是这些大熊猫繁育技术还没有在全国得到广泛应用，大熊猫配种难、受孕难、幼仔成活难问题仍是困扰大家的难题。确切地说，创新和领先的大熊猫繁殖技术，还需在理论上得到更加深入系统的阐述并形成完整的操作规程，再经过全面推广，才能够达到良好的推广普及效果。很显然，要想更多单位破解大熊猫繁育三大难题，大熊猫饲养人仍需继续深入广泛合作。

1982 年之后，北京动物园再没有引进野生大熊猫的种源，到了 20 世纪 90 年代，北京动物园大熊猫种群出现了明显的退化，在养的 18 只大熊猫中，仅剩下 1 只已到中年的个体来自野外，其余的 17 只均为人工饲养繁殖的后代，其中子三代就有 5 只。更为严峻的是，在 3 只育龄雌性大熊猫中，仅有 2 只可正常参加繁殖。同时，园内大熊猫的科研队伍也出现了较为严重的断档现象，老一代科研人员相继退休，部分中年科研人员调离了单位，新人的引进和培养进展十分缓慢，致使许多规划中的大熊猫科研项目不能继续开展。[1]

在全国，经过几十年探索获得的圈养大熊猫繁殖技术得到不断完善和广泛应用，并且进入 20 世纪 90 年代中期后，国内大熊猫的饲养、繁殖技术得到突飞猛进的大发展，圈养大熊猫的三大难题在其他单位也被相继攻破，圈养大熊猫的繁殖数量快速增加，超出之前 30 多年大熊猫饲养繁殖历史的数倍。在这样的大环境下，北京动物园的圈养大熊猫也迎来了一个辉煌的岁月，1992—2000 年，园内共繁殖了 20 只大熊猫幼仔，其中有 14 只成活，将过去 26 年间 37.5% 的幼仔成活率一下提高到 70% 以上，创造了北京动物园大熊猫饲养繁殖史的高峰。[2]

---

① 北京动物园档案资料。
② 北京动物园档案资料。

北京动物园亚运熊猫馆

1990 年，大熊猫被选为第八届亚运会吉祥物，北京动物园新建了亚运熊猫馆，大熊猫饲养环境得到改善。

而在另一方面，自 20 世纪 90 年代开始，北京动物园却面临着大熊猫种群退化、科研人员断档的双重压力。那么北京动物园又是如何创造出大熊猫繁殖的辉煌成就呢？回顾那段历史，主要有三个方面的因素：其一，园领导对"优化大熊猫种群"决策正确；其二，充分利用有限的条件，让大熊猫能生就生；其三，积极合作，发挥技术优势，齐心协力地应对困难和解决问题。

在当时，围绕着"如何优化大熊猫种群，减缓退化"的问题，北京动物园上下曾引发了一场争论。有人认为：当务之急是提高可繁殖雌性大熊猫的受孕率；也有人认为：园内无论是母兽带仔，还是人工育幼，总体来讲成活率并不很高，因而提高大熊猫幼仔的成活率应是壮大种群的首要任务。最后，领导明确了"首先提高幼仔成活率，同时，积极提高母兽受孕率"的工作要求。[1]

其实，北京动物园历来都把提高大熊猫幼仔成活率摆在每年繁殖工作的重要位置，并且还积累了许多育幼经验，但与其他野生动物相比，人们对大熊猫的认知仍有很多欠缺，即便积累了数十年的繁殖经验，也不能完全解析"圈养条件下大熊猫幼仔存活率低"的真正原因。因此，"提高幼仔成活率"的工作目标一经提出，他们的热情又被激发出来，一定要找到大熊猫幼仔不易存活的原因，提高成活率。

为了彻底弄清大熊猫幼仔存活率低的原因，一些技术人员重新查阅相关参考资料和以往大熊猫繁育的档案，一遍遍分析历年的繁殖记录和总结报告，对母兽生产死胎、弱胎和幼仔生长发育迟缓案例的前因后果做出深入系统的分析和研判。结合大熊猫"发情—妊娠—哺育期"的全程分析，从细小的行为和状态中，捕捉和寻找导致大熊猫幼仔存活率低的原因。

在查找大熊猫幼仔存活率低原因的过程中，大熊猫班班长王万民与技术员张恩权、侯启民、黄世强等相互配合，将大熊猫幼仔 1～6 月龄的体重作为分析

120

①北京动物园档案资料；刘维新访谈记录。

问题的切入点。经筛选确定"亲本、胎次、单双胎、性别、母兽妊娠期状态、母兽哺乳期体况"等几个要素为假设相关因子，通过对比查找原因。

无疑，这又是一项旷日持久的观察研究。尽管开展这项研究的条件比历史任何时期都有利，但工作的推进还是十分不容易，他们要收集历年的数据及有关因素，分析影响大熊猫幼仔体重变化的规律和共性特点。收集和分析足量的历史资料相当困难，以前没有计算机，所有的数据被分别记录在不同人的工作记录中，要逐个动物、逐个人查找、摘录、整理。对于现今的人们来说，观察、记录野生动物每天的各种数据，大部分都存在计算机中，后期数据的汇总、整理、计算和分析均较为简单，借助计算机，绝大多数的工作在很短的时间内便能完成。因此不难想象，仅仅一遍遍地查阅、整理、抄写、统计和计算海量的数据资料，就要耗费研究小组大量的时间和精力。

研究小组反复比对分析了 1990—1996 年大熊猫的有关数据：参加繁殖的 4 只雄性大熊猫，与 3 只雌性大熊猫共产下 10 胎。其中，3 胎是雄性大熊猫"弯弯"、5 胎是雄性大熊猫"良良"自然交配的结晶。分析结果表明，小仔的情况与雄性体重、雌性及胎次、单双胎、性别的因素没有必然的关联。例如：雄性大熊猫"良良"和雌性大熊猫"乐乐"的头胎幼仔初生重为 158 克，自然繁殖的二胎是雌性双胞胎，体重却相差很大，一只 160 克，另一只 90 克；而 1992 年雌性大熊猫"永永"自然繁殖的雄性双胞胎幼仔体重却相差不大。[①]

分析 7 只初生存活幼仔与母系大熊猫的关系时发现：3 只雌性大熊猫发情和妊娠期的体况，与幼仔出生时的状态和体重有直接关联，其中最典型的案例是那只高龄的母兽"岱岱"。

自 1981 年起，雌性大熊猫"岱岱"参加了大多数年份的繁殖任务，1991年与雄性大熊猫"弯弯"配种成功，但初生幼仔却体重偏轻；1993 年 19 岁的"岱岱"人工授精成功受孕，结果却产下死胎；1996 年只看到了"岱岱"的羊膜，没有见到胎儿，显然，"岱岱"的体质下降导致初生幼仔发育不佳。在此之后，"岱岱"进入老年，终止了生育。1990 年春，9 岁的雌性大熊猫"永永"第一次参加繁殖，但它当时的体况并不在最佳状态。"永永"3 岁初次发情时体重只有 76 千克，结果，自然交配产下的第一胎幼仔重 107 克，属于中等偏下的水平。1991 年，"永永"再次自然交配受孕，整个妊娠期内它的身体状况始终欠佳，不仅排黏液次数多，而且减食、废食时间长，结果，产下幼仔的体重仍低于平均水平。1992 年，经过调养后，"永永"的体质有了明显提升，发情和妊娠期的体重都保持在 90 千克上下，当年产下的双胞胎幼仔均在 150 克左右。雌性

---

① 王万民，张恩权，等，90 年代北京动物园大熊猫幼仔 6 月龄内体重变化比较分析。

大熊猫"乐乐"的情况也十分具有说服力，它初次繁殖时体重超过100千克，头胎幼仔的体重高达158克；之后，"乐乐"饱受皮肤病的困扰，体质有所下降，之后所生幼仔的体重鲜有高于平均水平。[①]

新生幼仔生长发育与亲本、胎次、单双胎、性别等因素没有直接相关，与母兽分娩前后以及哺乳期的身体状况有关。母兽产后及哺乳期内出现食欲不振、频繁排黏液、精神欠佳等状况时，新生幼仔体重的增长便开始放缓，严重时幼仔甚至还会出现生长停滞的情况。[②]

在研究过程中，王万民、张恩权等总结出了"量化行为指标"的观察方法，并且规范观察记录，以便更精准和系统地掌握每只大熊猫繁殖期的特点，制定出合理调整母兽发情、妊娠和哺乳的饲料配方。[③]

在完善"量化行为指标"过程中，王万民又设计出观察计划和实施步骤，将雌性大熊猫发情到育幼的行为观察量化到每个时点。例如：在大熊猫的发情阶段，要求记录母兽每天蹭阴、戏水的频率，咩叫、颤叫等行为的时点，外阴大小、颜色变化及阴道上皮脱落细胞角化率等发情状态；在大熊猫的妊娠阶段，要求记录母兽每日的食欲增减、食物偏好、行为特点及舔阴努责的时间、次数等情况；在大熊猫的哺育幼仔阶段，要求记录母兽每一时段怀抱幼仔的方式，以及哺乳、清理排泄物、舔舐幼仔的时点和时长，还要记录母兽休息和取食的具体时间、姿势、食欲等状况。

他们经过认真细致观察，掌握了每一只大熊猫母兽行为表示的意义，及时调整了雌性大熊猫在发情、妊娠、哺乳期的饲料配方，提出了针对母兽个体特点的"一猫一策"的饲养护理方案，母兽的体况因此得到显著的改观。在这方面，雌性大熊猫"乐乐"就是一个非常有说服力的实例。

1992年，雌性大熊猫"乐乐"第一次发情配种，因为年轻体况好，初次人工授精生产的幼仔也非常健壮，而且，"乐乐"第一次生育便独自育活了幼仔"京京"。1994年的繁殖期，"乐乐"的皮肤病严重，食欲不佳，体质下降，结果导致发情状态很不理想。班长王万民见状首先调整了"乐乐"的圈舍，尽量让它多晒太阳、多活动，与此同时，及时调整了食物配方，补充了多种维生素和矿物质。那时候最好的调理方法是提供充足的新鲜竹子，然而，在大熊猫开始发情的二三月份，北京的新竹还未破土，每周一次从河南长途运来的竹子质量不保，能被大熊猫选中食用的更是少之又少。怎么办？根据经验，增加精饲料

① 王万民，张恩权，等，90年代北京动物园大熊猫幼仔6月龄内体重变化比较分析；北京动物园档案资料。
② 王万民，张恩权，等，90年代北京动物园大熊猫幼仔6月龄内体重变化比较分析。
③ 王万民，张恩权，等，90年代北京动物园大熊猫幼仔6月龄内体重变化比较分析。

来保障大熊猫营养的方法极不可取，那样反而会导致大熊猫出现消化不良等现象。那个季节的北京动物园，能够替代新鲜青饲料的食物只有苹果和胡萝卜，苹果的糖分含量高，食用量稍大，大熊猫就会排出酸臭稀便；相对来讲，胡萝卜含糖分低，替代效果较好，但需要掌握进食的节律。王万民对"粗—精—粗"的饲料投喂经验进行了反复的推敲，确定总量控制，发现只要把握好胡萝卜的给食时间、次数和数量，就可以很好地起到替代竹饲料和增进母兽食欲的双重效果。就这样，在精心调养下，大熊猫"乐乐"在4月初如期进入了发情高潮，实现了第一次自然交配。在"乐乐"进入妊娠期后，根据妊娠母兽性情敏感、易受惊吓等特点，再次把"乐乐"安排到既安静又通风的圈舍，同时密切观察"乐乐"的食欲和粪便，及时调整食物的营养搭配。为了让配种后的"乐乐"吃上新鲜的青饲料，饲养员们花费大量的精力，每天一大早到园内各处寻找竹子，保障清晨一上班，"乐乐"就能吃上新鲜竹子。辛苦终于换来回报，1994年9月25日，"乐乐"顺利产下2只健康的雌性幼仔，1只成活，取名"京秀"。[1]

1992年9月15日，雌性大熊猫"永永"产下双胞胎幼仔，第一仔被母兽"永永"哺育成活，取名"永明"，第二仔被人工哺育成活，取名"永亮"。在"永永"分娩后最初几日，采取了"不打扰"措施，除了"永永"熟悉的饲养员进行日常护理和观察记录外，禁止其他一切人接近。在安静舒适的产房中，母兽"永永"的情绪十分稳定，初生幼仔没有出现任何异常。产后的"永永"为了照顾幼仔，一连几天都没有很好地进食进水。到了第5天，王万民尝试着将生理盐水加葡萄糖和嫩竹叶摆放到"永永"面前，"永永"没有拒绝。随后的几日，逐日增加了食物的种类和数量，10天后，母兽"永永"完全恢复了日常的食欲和食量。幼仔满月前，"永永"依然全身心地哺育幼仔，但活动量还是很少，于是，饲养员控制了精饲料量，避免了消化不良现象的发生。在大家的精心照料下，在产后最关键的1个月中，"永永"完全没有出现腹泻等异常现象。

母兽"永永"的幼仔满月后，调整了"永永"哺乳期的饲养护理方案，逐日加大了精料的供给量，结果"永永"非但没有出现消化不良现象，而且采食量逐渐增加，日采食量最高时，甚至达到其非哺乳期的2倍多。"永永"大量采食后，排出的粪便形态正常，没有发生消化功能紊乱的腹泻现象。更值得一提的是，由于整个哺乳期"永永"摄入的能量充分，其分泌的乳汁充足，完全满足了幼仔的生长所需，幼仔的发育一直保持良好的状态。"永明"6月龄以后，与母兽分开饲养。1993年的春季，幼仔断奶后，母兽"永永"很快又进入了发情状态。[2]经过几年的努力，研究小组总结出了一套人工辅助母兽育幼的成功经验。

---

① 王万民，张恩权，等. 90年代北京动物园大熊猫幼仔6月龄内体重变化比较分析；王万民访谈记录。
② 北京动物园档案资料；北京动物园.1998.北京动物园文集[G].北京：中国农业大学出版社.

1993 年 11 月 4 日，雌性大熊猫"永永"又顺利产下 1 只体重 131 克的幼仔，取名"吉妮"。出生后，"吉妮"的生长发育良好，到 1 月龄时，平均每天增重 39.15 克；2 月龄时，平均日增重又陡然上升到 85.33 克，是当时所有幼仔中名列前位的。然而，"吉妮"3 月龄时，体重增速开始放缓；到了 5 月龄，"吉妮"平均日增重竟降到了 66.67 克，反而成为 5 月龄幼仔记录中体重增长最慢的一个。幼仔"吉妮"的体重刚出现增长放缓现象，就引起了大家的注意，大家分析后发现，幼仔和母兽的食欲、身体都没有出现异样，那么又是什么原因导致幼仔"吉妮"发育减慢呢？经过仔细观察和分析认为，问题可能出在母兽身上，母兽"永永"已连续 3 年产仔，在哺乳期体质体能没有恢复到最佳状态；加上此次产仔日期在 11 月，正赶上北京动物园新鲜竹子最短缺的季节；"吉妮"2 月龄后摄乳量激增，导致母兽"永永"分泌的乳汁不能满足幼仔的需求了。根据分析，研究小组及时调整了"永永"的饲料配方，增加了昼夜的给食次数和护理时间。不久饲养员又发现，"永永"的食物摄入量增加了，哺乳的时间却没有增加，有时甚至还出现长时间不哺乳的现象，即使幼仔"吉妮"时常哭叫，"永永"也不去哺乳，"吉妮"体重增长缓慢的问题愈加明显。①

看着幼仔"吉妮"经常吃不饱的状态，工作人员各个心如火焚，担心如此下去，不仅会影响幼仔哺乳期内的发育，还会因营养不良而对今后的成长产生负面作用。护理小组经过讨论做出了一个大胆的决定："不能再单纯依赖母乳哺育幼仔了，必须尝试一下人工干预，及早为幼仔补充营养。"幼仔"吉妮"160 日龄后开始补充配方乳。这项措施很快便收到良好的效果，"吉妮"体重很快出现了回升，到了 6 月龄时，日平均增重一下跃升到 143.33 克，再度回到了 6 月龄幼仔体重增长的前位。②

断奶前"人工辅助母兽育幼"的第一次尝试就获得了成功，北京动物园大熊猫繁殖经验得到了补充和完善，并进一步促进了大熊猫育幼工作的顺利开展。1994 年 9 月 25 日，雌性大熊猫"乐乐"产仔后，小仔出生时体重仅有 90 克，取名"京秀"，出生后生长发育得很好，2 月龄时体重达到了 2 860 克。然而，"京秀"4 月龄时，体重增长骤然放缓，日增重由 3 月龄的 68.0 克下降到了 61.7 克。观察分析：母兽"乐乐"的食欲没有出现变化，幼仔体重增速下降，应是母乳分泌不足所致。综合考虑，直接对母兽"乐乐"和幼仔"京秀"实施了双向营养补充措施。10 天后，幼仔"京秀"的体重恢复到正常的增长水平，6 月龄时体重达到 12 750 克，并且，之后的生长发育十分平稳。③

王万民、张恩权等总结了"人工辅助母兽育幼"经验，增加了提前补乳

① 叶掬群工作日记。
② 王万民，张恩权，等，90 年代北京动物园大熊猫幼仔 6 月龄内体重变化比较分析；王万民访谈记录。
③ 王万民，廖国新，大熊猫的圈养管理；王万民访谈记录。

措施和针对性护理母兽措施，北京动物园大熊猫母兽哺育幼仔的存活率大大提升；并且 1990 年之后出生的大熊猫幼仔，体重明显高于 1990 年之前出生的幼仔。[①] 随着这些经验和技术的交流与推广，2000 年之后国内外圈养大熊猫幼仔成活率整体大幅度上升。

（二）

初生大熊猫幼仔成活率得到大幅度的提高，并不意味着圈养大熊猫种群能够持续扩大。长久以来，幼年大熊猫断奶后至亚成体（青年期）的消化和营养不良问题，一直是影响国内外圈养大熊猫健康的又一主要原因，也是阻碍圈养大熊猫种群不断壮大的重大难题之一。

幼年大熊猫以食乳和精饲料为主，亚成体后逐步过渡到食竹为主。亚成体生长阶段是食物转换的主要时期，极易出现消化道的问题。断奶期的幼年大熊猫，先由母乳过渡到人工乳，常常会因食物转换不适于其消化能力或不符合其机体需要，引发胃肠黏膜、肠道菌群出现异常，导致胃肠功能紊乱、消化不良甚至腹泻等胃肠疾病，对幼年大熊猫的生长发育造成严重影响。如果这种胃肠功能紊乱、消化不良的病症持续下去，大熊猫进入亚成体生长阶段后，就易形成顽固的慢性消化道炎症，出现经常性食欲不佳、腹泻、腹胀、腹痛和排黏液等症状。严重时会转变成营养不良，它们的体质因而显著下降，出现明显消瘦、被毛干枯、精神萎靡，乃至腹水、电解质和血蛋白偏低等综合征，变成停止生长发育的"僵猫"。再严重时，还会出现肝硬化、肝腹水等，最终导致多脏器衰竭死亡。[②] 因此，大熊猫的营养不良综合征绝非小问题，"这是一种发病率高、治愈难、死亡率很高的疾病，特别是处于发育阶段的亚成体大熊猫，发病率高达 50% 左右，致死率占大熊猫总死亡率的 37.5%。"[③] 北京动物园的兽医张金国对 1983—1992 年 160 例圈养大熊猫的病案进行了系统的研究，其结果显示：所有病例中，患有消化系统疾病的比重最高，占到病案的 56.2%；慢性胃肠炎多发于亚成体或青年大熊猫。张金国特别指出，由慢性胃肠炎引发的营养不良综合征，已成为亚成体或青年大熊猫死亡的首要原因。[④] 由于繁殖成活个体少，国内外大熊猫饲养单位将解决未成年大熊猫的胃肠炎和营养不良这一疑难症作为科研的重点。

① 北京动物园档案资料；成都动物园 成都大熊猫繁育研究基地，1993.成都国际大熊猫保护学术研讨会论文集 [C].成都：四川科技出版社；王万民，张恩权，等，90 年代北京动物园大熊猫幼仔 6 月龄内体重变化比较分析。

② 成都动物园 成都大熊猫繁育研究基地，1997.成都国际大熊猫保护学术研讨会论文集 [C].成都：四川科技出版社.

③ 叶志勇，等，亚成体大熊猫营养不良综合征探讨。

④ 成都动物园 成都大熊猫繁育研究基地，1993.成都国际大熊猫保护学术研讨会论文集 [C].成都：四川科技出版社.

20 世纪 90 年代之前，研究人员通过野外考察、行为观察、解剖学分析等方式，初步了解了大熊猫的食性、摄食行为，以及消化道组织结构、营养代谢、能量需求等基本生物学特征，对改善圈养大熊猫的饲料配方、生活环境和饲养管理方法，起到了积极有效的推动作用。但是，国内外圈养的未成年大熊猫中，消化－营养不良的患病率依旧很高。

进入 90 年代，随着生命科学理论和科研手段的进步，有关大熊猫的国际研讨会和国内经验交流会愈加活跃，极大地拓宽了国内大熊猫研究人员的视野，大熊猫的基础性研究也因而取得了更加深入和系统的成果。未成年大熊猫的食物转换与营养不良等疑难问题，得到更加深入的理论探讨。[①]

那一时期，科考人员对野生雌性大熊猫的育幼行为和幼年大熊猫的摄食行为进行了长期的跟踪观察。[②]野生大熊猫的幼仔，5 月龄开始模仿母兽吃竹叶，7 月龄时竹叶摄入量大增，摄入母乳明显减少，11 月龄时几乎断奶，1 岁开始跟随母兽四处采食竹笋、竹叶。[③]1 岁时基本完成了从母乳为主到竹类为主的食物转换。而圈养大熊猫幼仔在 6 月龄时便与母兽分离，较早地独自适应新环境和人工配料；饲养上对幼仔的食物转换还没有成熟的经验，也因饲养人认识上的不同而存在着较大的差异。北京动物园的兽医张成林和技术员对未成年大熊猫相关病案的溯源分析还显示：大熊猫幼仔除了难以适应环境和食物的变化外，季节气候的突然变化、各种环境的应激反应、服用某些药物、患有其他病症，以及感染病原微生物和寄生虫等因素，也会诱发未成年大熊猫出现食物消化不良、营养吸收机能障碍等病症。[④]

科研人员不断总结研究未成年大熊猫消化－营养不良致病因素，制订出一套针对幼年－亚成体大熊猫的饲养管理改进方案：①尽可能模拟野外大熊猫的生活节律，尽早培养幼年大熊猫的食竹能力；②根据大熊猫个体状况，酌情合理调配食物结构和增减精料配比；③通过增加运动量、冷水浴等多元化的训练科目，强化大熊猫体能和体质；④减少环境的应激因素，实行一对一的专人全方位管理。[⑤]

在改进方案实施的过程中，饲养员了解所负责未成年大熊猫的各项情况，在食物调配上可以做到适时和精准，因此有效避免了幼年大熊猫在食物转换期

126

① 北京动物园档案资料。

② 都成动物园 成都大熊猫繁育研究基地，1993.成都国际大熊猫保护学术研讨会论文集 [C].成都：四川科技出版社．王万民访谈。

③ 胡锦矗，大熊猫研究 2001 年。

④ 张成林，张金国，等，未成年大熊猫营养不良研究之二；成都动物园 成都大熊猫繁育研究基地，1993.成都国际大熊猫保护学术研讨会论文集 [C].成都：四川科技出版社．

⑤ 北京动物园档案资料；王万民访谈记录。

产生的许多不适。1990 年以后，北京动物园几乎每年都有 1 只大熊猫幼仔降生，幼仔 6 月龄离开母体后，往往活跃度、活动量和食欲有所下降。为了增进幼仔的食欲和消化能力，改善幼仔的精神状态，增加了每天陪同幼年大熊猫玩耍项目。这一系列的改进措施收到了极好的成效，幼年大熊猫"迎迎""京京""永明""京秀""妞妞"等 6 月龄离开母体后的生长发育都十分顺利，健康地进入了成年。[①]

那一时期，大家对大熊猫消化与营养问题的研究也取得了重大进展：了解了大熊猫的食物消化和营养吸收机制；大熊猫不同生长阶段的能量需求与各类营养的利用率；各种竹类的营养构成和相应的大熊猫能量转化机制；大熊猫母乳（特别是初乳）具有提高幼仔免疫力、促进幼仔消化系统微生物菌群稳定及抗菌作用；幼年大熊猫食物转换期消化系统微生物菌群变化特征；大熊猫排黏液具有双向作用；等等。[②]

在对大熊猫生理和疾病诊断技术研究取得长足进步的大环境下，北京动物园的兽医张成林、张金国等深入研究大熊猫病情，发现了未成年大熊猫消化－营养不良时的血液指标变化特点及发病机制，并依此制订出个性化的医养结合的治疗方案，取得了积极、良好的疗效。

那时，对大熊猫消化－营养不良发病机理的研究，也从以往的消化系统、代谢系统，纵深到循环系统、内分泌系统乃至免疫系统。同时，北京动物园还与有关科研和医疗单位通力合作，大幅提升了大熊猫疾病的检查、诊断和治疗效果。在研究大熊猫营养不良综合征病因的过程中，张成林注意到：未成年大熊猫发病之初，只是一般性的消化不良，但在胃肠功能下降和紊乱没能彻底恢复的情况下，反复受到应激刺激，导致胃肠炎症反复发作，病情就会日渐加重，发展成代谢机能紊乱和障碍；如果病情进一步发展，还会导致白蛋白降低，球蛋白增高，体重下降，甚至腹水、贫血。[③]

张成林分析了 2 只患有营养不良症的大熊猫"吉妮"和"京蓉"的病例，均是未成年时期受到"突发刺激"引发的消化道功能紊乱。"吉妮"于 1993 年 11 月 4 日出生，早期生长发育良好，2 岁时误食了游人投喂的带有塑料包装的食物，引起肠道刺激和炎症，治疗后胃肠功能始终不能恢复正常，致使其长期腹泻、食欲不佳，体重持续下降。"京蓉"于 1992 年 9 月 3 日出生于成都动物园，1994 年通过交换来到北京，因为长途运输以及气候、环境和食物的改变，来京

① 王万民访谈记录；北京动物园档案资料。
② 部分大熊猫学术研讨会论文。
③ 成都动物园 成都大熊猫繁育研究基地，1997.成都国际大熊猫保护学术研讨会论文集 [C].成都：四川科技出版社.

后不久便出现了腹泻、消化不良现象，并且久治不愈，反复发作，逐步转变成经常性的胃肠功能紊乱，排黏液，腹胀，精神不振，腹水，消瘦。[①]

"吉妮"和"京蓉"发病的初期阶段，首先采取了消炎、调节胃肠功能和肠道菌群等治疗方案，但治疗效果并不理想，病情始终没有得到有效的控制。随着临床症状和病情的变化，多次邀请人医内科专家、中医专家会诊，采取健脾生血、保肝、抗贫血、补充蛋白等中西医结合的治疗措施。遗憾的是，大熊猫"吉妮"和"京蓉"的疾病时好时坏，变得十分顽固，始终未得到根本的改观。大家十分困惑，是什么原因导致这种常见病久治不愈呢？消化不良的真正病因是什么？带着这些疑问，张成林不断查找资料，在1993年成都国际大熊猫保护研究论文集中，看到了有关正常大熊猫血液中三碘甲状腺原氨酸（T3）、甲状腺素（T4）指标的论文，经过深入了解，并对T3、T4有关知识进行了研究，认识到T3是促进代谢激素，含量正常时可维持机体处于正常代谢水平，随后对大熊猫"吉妮"和"京蓉"的血液开展了多方位的检测分析，包括T3、T4。分析发现两只病熊猫的血液中T4和促甲状腺素分泌激素虽然基本正常，但T3（与甲状腺素共同在甲状腺球蛋白分子中合成，T3与其他激素共同刺激蛋白合成的作用强于甲状腺素）却与正常值相差甚远。根据这一线索，兽医院联系北京大学人民医院的内分泌科专家会诊，结合病理展开了进一步分析，专家认为两只病熊猫的症状与人的"低T3综合征"高度疑似。他们又分析了人低T3的原因：人患有消化道疾病后，吸收的能量就会减少，而消耗的能量却在增加；机体为了保存能量，会降低代谢水平和减少T3的生成，T3水平降低进而使营养物质的吸收变得更少；如此一来，使得机体处于"营养吸收更少－体质更差－抵抗力更低－病情更复杂严重"的恶性循环之中。犬患T3严重不足时，只能活到3~4岁，病死率可达70%，[②] 而大熊猫的相关问题却还从未有人涉足。大家对患病大熊猫的病情有了新的认识后，就着手进行针对性治疗。

在治疗大熊猫低T3综合征病例时，遇到了另一层疑难问题，就是病熊猫的机体处于"自相矛盾"的状态中。两只未成年病熊猫的血液中，白蛋白指标都偏低，说明需要补充大量的蛋白质营养，然而，饲喂中如果添加高蛋白的饲料，却会引发适得其反的效果，病熊猫马上出现腹泻、腹胀、排黏液的现象，减少了蛋白营养吸收，且增加了营养丢失，进而加重了病情。相反，如果减少饲料中粗蛋白和粗脂肪的含量，增加粗饲料和易消化的流质食物，倒可以减轻

漫漫求索路 殷殷国宝情
——北京动物园大熊猫易地保护研究纪实

① 成都动物园 成都大熊猫繁育研究基地，1997. 成都国际大熊猫保护学术研讨会论文集 [C]. 成都：四川科技出版社；北京动物园档案资料。
② 成都动物园 成都大熊猫繁育研究基地，1997. 成都国际大熊猫保护学术研讨会论文集 [C]. 成都：四川科技出版社．

1997 年 5 月治疗中的大熊猫"京蓉"进食　　　　　　　左为黑窝头，右为黄窝头

病熊猫的消化不良症状。[1] 如何治疗？经过慎重考虑，决定使用甲状腺素调整。经反复计算用药的剂量，发现若甲状腺素的剂量高了，则代谢增强，能量和营养消耗增加，副作用明显；若剂量低了，则促进作用不明显，效果达不到，而且单纯的西药又不能调整功能。后来又结合中药治疗，但是中药有特殊的味道，大熊猫不喜欢吃，经过反复试喂，最后把中药磨成粉，添加在窝头里，慢慢试用，效果挺好。窝头原来是黄色，加了中药的窝头变成了黑色，以至于后来，管理中大家会问，"熊猫是用黄窝头，还是用黑窝头"。采用中西医措施调整后，效果明显，病熊猫精神、食欲恢复很好，腹水很快消失了。尽管如此，化验血中的白蛋白增长很慢，甚至不明显。那么，是什么原因导致病熊猫的蛋白质增不上去，是吸收不好，营养转换不了？还是营养缺失？针对这些疑问，兽医们对病熊猫的病因、病情，甚至病熊猫的日常行为再一次进行了细致的分析和排查，并最终将目光锁定在肝脏功能与大熊猫的排黏液上。长期营养不良导致病熊猫肝功能低下，合成代谢能力不足，吸收的营养不能转化成蛋白；同时，排黏液又造成营养丢失过多，也容易造成营养供给不足。排黏液原本是大熊猫保护胃肠的一种特有生理功能，而黏液本身是由蛋白类物质构成，大熊猫每次排黏液必定会损失一定量的蛋白，同时还会对其消化道黏膜造成损伤。对于消化不良的病熊猫来说，排黏液现象变得十分频繁，并且极大可能转变成难以医治的免疫增强性肠炎。此外，以前查明的大熊猫排黏液行为的双向作用（保护黏膜和影响营养吸收），也应是一个不容忽视的重要原因。虽然排黏液是大熊猫消化系统的正常生理功能，但频繁排黏液可能会造成肠道黏膜损伤，如果排黏液频率得不到及时有效控制，极易引发肠道炎症，结果导致消化系统的

129

第四章
奏响大熊猫生命的凯旋之歌

[1] 成都动物园　成都大熊猫繁育研究基地，1997.成都国际大熊猫保护学术研讨会论文集 [C].成都：四川科技出版社；王万民访谈。

1997年5月治疗中的大熊猫"京蓉"的竹子便　　　　　1997年1月治疗中的大熊猫"吉妮"进食

功能障碍。[①]

　　在配合医治大熊猫"吉妮"和"京蓉"的过程中，饲养员们总结出了一套养护方法。为了减少病熊猫的消化不良现象，他们根据每天记录的食物摄入与排泄状况，随时调整饲料的配比。为了减少病熊猫的应激反应，他们除了根据大熊猫的个性安排专职的饲养员喂养外，还对饲养员提出了种种操作要求。

　　为了更好地护理患病的熊猫，把"京蓉"转移到兽医院病房，由宋德启、张海波、刘京福3人进行特护，"吉妮"转移到科研所护理。就这样，经过兽医和饲养员一年多的精心治疗和养护，大熊猫"吉妮"和"京蓉"精神食欲大大好转，排黏液的次数明显减少了，排黏液时的肠道反应也减弱了许多，粪便恢复正常，在此基础上，它们的体重和体质都得到了明显的增加和改观。已成为"僵猫"的"京蓉"，体重由原来的不足50千克，增长到57千克；"吉妮"的食欲恢复也很好，采食竹子正常，体重也由80多千克增加至91.5千克。可喜的是，1999年春季，"吉妮"还出现了发情并进行了交配，成为当时第一只亚成年营养不良、治疗后恢复并发情的大熊猫，可惜那年没有成功妊娠。但是，在2006年的繁殖季，"吉妮"破天荒地实现了第一次自然交配，配种后"吉妮"一直没有反应（正常分娩季为8—9月），想不到翌年春节大年初六"吉妮"才分娩，产下了1只大熊猫小仔，后来小仔取名"晴晴"。"吉妮"经过了324天漫长的妊娠期，创造了大熊猫妊娠期最长的吉尼斯世界纪录，至今没有被打破，成为不解之谜。同时，"吉妮"创造了亚成年大熊猫因营养不良被治愈并成功繁殖的典型病例。更可喜的是，如今大熊猫"吉妮"的闺女"晴晴"也作妈妈了，"吉妮"的营养不良没有对后代造成影响。

① 成都动物园　成都大熊猫繁育研究基地，1997.成都国际大熊猫保护学术研讨会论文集[C].成都：四川科技出版社．

大熊猫"吉妮"用嘴叼起"晴晴"

在兽医和饲养员坚持不懈的精心治疗养护下,"京蓉"的病症稳定,虽然体重恢复不多,但是基本没有腹水,精神食欲好,2007年、2008年出现了2次发情,技术人员及时进行了人工输精,可惜没有成功,最后"京蓉"存活到18岁。[①]

大熊猫营养不良综合征的病因找到了,治疗效果明显。可是大熊猫这种动物真是太娇弱了,亚成体大熊猫"京惠"也出现了食欲不好、消化不良、胀气频繁等病症,血液化验也是显示 T3 低。采取了与"吉妮""京蓉"同样的治疗措施,食欲恢复很好,但是治疗过程中"京惠"腹胀不减反增,腹部出奇得大,并且食欲不稳定,有的时候每天的粪便量能达到30千克,比成年熊猫排的都多。经过查找资料、咨询,确定"京惠"又患上了肠易激综合征,分析原因,是由环境因素刺激引起,使其肠道的敏感性增强,特别是过敏性物质还会使肠

---

① 张成林,张金国,等,未成年大熊猫营养不良研究之二;北京动物园档案资料。

2017年大熊猫"晴晴"带仔

道蠕动减弱，导致粪便积存、胀气。患上这种病是否还能恢复？悲观一点说，谁都不知道病熊猫"京惠"还能存活多久。

尽管治疗护理"京惠"的难度很大，但兽医和工作人员并没有因此陷入沮丧情绪之中，开始使用了胃复安等药物促进大熊猫胃肠道蠕动，但作用很弱，肠道胀气的症状没有明显改观，后来又请北京中医院大夫进行会诊，希望通过中医措施调整胃肠功能。专家会诊认为是肠道功能减弱，蠕动迟缓，但是真正的原因还需要进一步研究，可以用药物减轻症状，建议用"西沙比利"（一种促进全肠道蠕动的药物）。根据专家建议，兽医增加了新型药物"西沙比利"，及消除胃肠的炎症、缓解病熊猫应激反应的药物。经过一段时间调整护理，"京惠"的症状逐渐减轻，胃肠道功能基本恢复，食欲和粪便正常，也不再胀气了，但是真正的病因至今没有找到。①

（三）

大熊猫的疑难病多，病因复杂，而且生病的初始阶段往往不易被人察觉，有时一发病便进入危重状态，治愈难度很大。常见病的治疗相对容易一些，而

---

① 张成林，张金国，等，未成年大熊猫营养不良研究之二；北京动物园档案资料。

对于一些疑难病、怪病，如大熊猫贫血，做了一辈子的兽医都没遇到过，治疗的难度极大。

大家都知道，输血治疗是一项技术要求高、条件严苛的治疗措施，需要有专业的医疗设备、环境和大夫，以及充足的血源，严格的配型试验，输血过程中还要严格监控。给大熊猫输血如同天方夜谭，由于对大熊猫的认识十分有限，问题一个接着一个，大熊猫存在血型之分吗？和人的血型一样吗？能用人的配血试剂吗？有应急的血源吗？即便下决心抽取其他大熊猫的血浆，也得冒着难以预料的巨大风险。另外，输血过程中，还要考虑到：第一是麻醉的生死关。不论是采血，还是输血，都要麻醉，还不是一次麻醉就能满足要求，供血者至少要连续麻醉两次，受血者要长时间处于麻醉状态，所有的麻醉都存在很大风险。第二是血液配型关。要满足输血要求，至少要有适用的供血者，每个样品都要做正配（受血者血清与供血者红细胞相配）、副配（受血者红细胞与供血者血清相配）试验，正配、副配试验都要符合要求，才能作为供血者。第三是输血中过敏反应的预防和监测。输血前要先给予抗过敏的药物，即使是配血试验完全合格，也要用抗过敏药；输血过程中要防止过敏和溶血等排异反应。哪一关过不去都意味着输血措施满盘皆输，直接导致严重的后果，甚至危及生命。没有亲身经历过输血治疗，就不能体会到输血操作的谨慎和不易。1995 年，北京动物园的兽医们又遇到了这样一起突发的贫血病例，治疗过程至今记忆犹新。

这个突发病例患者正是世界首例全人工育幼成活的大熊猫"永亮"，世界级的明星动物。它发病突然，病情变化十分迅猛，让北京动物园的兽医和饲养员措手不及。

1995 年 1 月 28 日，饲养员刘志刚刚上班就发现 2 岁 4 月龄的"永亮"左前肢抓握物体困难，左后肢无力，行走不便。刘志刚觉得挺奇怪的，头一天下班时还好好的，晚上也没有给特殊的食物！面对突发情况，刘志刚紧急汇报了科研所领导和主管兽医。兽医、科研所管理人员火速赶到现场，大家看到"永亮"左侧肢体明显无力，不愿活动，对呼唤的反应很弱，感觉像是人的偏瘫一样。大家都是第一次见到大熊猫"偏瘫"的病症，有点不知如何是好，先马上进行检查和采血化验。更让兽医们感到蹊跷的是，初步检查的结果，"永亮"体温 36.8℃，稍高，血红蛋白偏低，85 克／升 [参考范围 (121.38±18.70) 克／升]，没有特别异常的指标，仅仅这两项异常不至于引起这样的症状，这让病情诊断变得十分困难。主管园长许娟华说，会不会是神经根发炎引发的偏瘫？动物园曾经出现过大熊猫神经根炎病例，但是临床的表现与"永亮"的不太一样，虽然都是神经肌肉方面的问题。因此，当日暂按神经根炎治疗，并组成监护小组昼夜看护。第二天，专门请来宣武医院神经内科主任进行会诊，大家进一步分析了病情和化验结果，初步确诊为脑部病毒感染引起的偏瘫，并给出了治疗用药建议。专家特意嘱咐此病治疗难度很大，护理是治疗的关键。根据会诊意见，兽医院制定了治疗原则：消炎、降低颅内压，并立即成立了由兽医院和科研所领导负责的特别医疗护理小组，采取了降颅内压、抗病毒感染等药物控制措施。[1]

1月30日，"永亮"的精神稍有好转，能进食竹叶1 500克，但左后肢仍无知觉，刺激无痛感。1月31日，"永亮"的食量增加，饮水增多，粪便正常，左前肢支撑力增加，可稍稍上抬，左前掌仍不能抓握。2月1日，"永亮"摄入流食7 030克，竹叶3 000克，饮水、排便恢复正常；左前肢上抬和抓握能力进一步改善，左后肢开始有了刺激反应。2月2日，"永亮"的采食、活动时间加长，左后肢能够稍稍抬起，但仍乏力。2月3日，"永亮"食欲正常，精神、活动稍差，全天体温偏高，37℃；左侧肌注有痛感。2月4—6日，"永亮"精神、活动、食欲、体温正常；左后肢有痛感，稍能收缩，不灵活，仍无力；左前肢能单独支撑、抓握、扒栏杆，力量不足。2月6日开会研究，判断"永亮"的病情已得到初步的控制。[2]又经过1周治疗，"永亮"的基本情况稳定，病情持续好转。

正当大家以为大熊猫"永亮"闯过了此次危急病患而放松的时候，其病情竟突然急转直下，出现了新的危情。2月13日，"永亮"精神沉郁、不愿活动，16:30兽医查体时，发现"永亮"的体温上升到38℃，立即采取了降温措施。14日体温仍保持在37.9℃的高位。更为糟糕的是，14日下午，"永亮"便出现了嗜睡、喘粗气的症状。临床检查发现："永亮"的口腔部位等可视黏膜苍白，呼吸28~60次／分，心率120~142次／分，且第二心音不清，肺部两侧均有湿啰音。血检显示：血液稀薄、色暗，血红蛋白44克／升[参考范围(121.38±18.70)克／升]、红细胞计数$2.2×10^{12}$个／升[参考范围$(6.29±1.50)×10^{12}$个／升]、白细胞$25.0×10^{9}$个／升[参考范围 $(7.95±2.74)×10^{9}$个／升、淋巴细胞$0.57×10^{9}$个／升[参考范围$(0.22±0.08)×10^{9}$个／升]、比容11%(参考范围36%±4%)。X线检查又发现，双肺纹理增粗，有少量斑点阴影。初步诊断：重度贫血，下呼吸道感染！更让大家不安的是，"永亮"的病情还在急剧恶化，机体因贫血导致缺氧已累及心肺功能，机体代谢处于负平衡状态，病情危重！护理组讨论确定采用输血治疗。[3]

① 北京动物园档案资料；许娟华，张成林，等，大熊猫种间输血研究。

② 北京动物园档案资料。

③ 许娟华，张成林，等，大熊猫种间输血研究；北京动物园.1998.北京动物园文集[G].北京：中国农业大学出版社.

输血抢救方案确定下来了，可血源在哪里？不用说，最理想的措施是输入其他大熊猫的血液，但园内大熊猫的种群现状却不允许采取向其他大熊猫个体输血的措施。血液供体必须是健康、能配上血型的成年大熊猫，而眼下具备采血条件的大熊猫只有一两只，且都担负着当年的繁殖任务，何况配血、输血不只是一次麻醉，配血时麻醉一次，配血成功后又要麻醉一次，两次麻醉间隔不到 2 小时，这样对供血者的影响极大，后果难料，更不能保障供血后还能发情配种。医疗护理小组权衡再三，决定采集亚洲黑熊的血，实施种间输血。不难想象，决定采取这样一项从未有过成功案例的抢救措施，如同选择了站在刀尖上。

其实，医疗小组之所以做出如此"极端"的抉择，一方面是"永亮"病情危重，已无退路，更重要的是他们已找到了一些科学依据。第一，1978—1979年，北京动物园的兽医们对园内外 37 只大熊猫的血液进行了测定，掌握了大熊猫的血液成分。[1] 第二，北京动物园曾经在 1982—1984 年对 27 例不同性别、年龄的大熊猫进行过系统的解剖学研究，并且，同时开展了与熊解剖学的比较研究。第三，近年来，北京动物园进行了野生动物血型研究，曾经做过几例种间输血试验，均获得成功，并对大熊猫等动物进行了异种动物配血试验，获得了一定的经验。第四，在进行大熊猫和熊的生物学比较研究时，北京动物园的科研人员萌生了"能否让黑熊作为大熊猫的供血源"的设想，并在 1986 年抢救大熊猫"亮亮"的过程中，大胆地实践了最初的设想，同步开展了大熊猫同种输血和种间输血两项试验研究。[2]

"亮亮"是 1980 年经人工授精繁殖的大熊猫，由于自幼发育不良，体质虚弱，反复出现精神萎靡、气喘、水肿、腹胀等营养不良的症状。1986 年，"亮亮"的贫血病症愈加严重，血液检查显示血红蛋白已下降到 35 克／升，B 超检查诊断为肝硬化和腹水。"亮亮"已经到了生命垂危的地步，只有输血尚可延长生命。由于有前期大熊猫生物分类学研究的基础，兽医和科研人员快速将血源供体的试验对象锁定下来：将 2 只成年大熊猫（雌雄各 1 只）、2 只棕熊、2 只黑熊和 1 只杂交黑熊作为供血者进行试验。[3]

当时，北京动物园的科研条件十分有限，配血的试验是请北京市血液中心输血站协助完成的。试验的第一步就让科研人员有了意外之喜和全新的认知。两只无血缘关系成年大熊猫的血液配型效果非常好，因而，即刻为病熊猫"亮亮"输入了其中一只大熊猫的 200 毫升血浆。输血后，"亮亮"没有出现任何不良反应，血红蛋白也上升到 40 克／升。9 天后，医疗小组继续为"亮亮"输入了第 2 只大熊猫的 180 毫升血浆，之后它的血红蛋白继续上升到 55 克／升，

① 刘杰，大熊猫血液成分 1979 年。
② 许娟华，于永哲，郑锦璋，大熊猫输血治疗；北京动物园档案资料。
③ 许娟华，于永哲，郑锦璋，大熊猫输血治疗。

并且精神状态明显好转，食欲增加，病症减轻。①

在给"亮亮"输入同种血浆的治疗期间，同时对棕熊、黑熊和杂交黑熊的血液做了配型试验。令大家没有想到的是，黑熊和杂交黑熊的血液未呈现阳性反应，匹配率达到了100%，而两只棕熊的血液完全不匹配，都出现了溶血现象。试验说明，当初将黑熊作为大熊猫供血源的设想是可行的！黑熊的数量远比大熊猫多，体型又与大熊猫相当，可以提供较为充足的血源，这无疑极大地增大了挽救大熊猫生命的希望。

有了黑熊血液配型的成功，兽医们抢救病熊猫"亮亮"的信心大大增强，于是，采取同种输血措施后的第9天，兽医们为"亮亮"第一次输入了400毫升的黑熊血。然而，在输血的过程中，还是发生了大家不愿看到的情况，"亮亮"出现了排异的高热反应，体温一度上升到39℃。好在高热中的"亮亮"神智是清醒的，也没有出现其他不良反应。输血后，经过漫长的6小时观察，"亮亮"的体温逐步恢复到正常，大家的心绪终于得以舒缓。

经过输血治疗后，病熊猫"亮亮"的血红蛋白上升到60克／升，甚至机体水肿也有明显改善。遗憾的是，"亮亮"的肝硬化已经到了极严重的程度，几乎没有蛋白合成功能，贫血状况没有彻底改善，输黑熊血后的第60天，"亮亮"的血红蛋白再度降到致命的30克／升，两次输血都没能挽回"亮亮"的生命，4月24日，"亮亮"死亡。②

经过输血治疗，病危的"亮亮"的寿命延长了2个多月。这2个月的时间不算长，但是延长2个月的意义重大，为挽救大熊猫生命留下了全新且极其宝贵的技术和经验，也极大地提振了兽医们救治危重病熊猫的信心。在大熊猫"亮亮"之后，由于再未出现过重度贫血的大熊猫病例，大熊猫种间输血的试验研究也不得不搁置下来。

虽然有1986年实施大熊猫种间输血治疗的经验，毕竟过去10年了，而且这一次的输血对象又是"国际明星"大熊猫，因此还是让医疗护理小组绷紧了神经。输血前，他们多次讨论了抢救和操作方案，根据经验准备了多种应对突发情况的预案。医疗护理小组一致认为，尽管1986年2只黑熊提供的血浆在配型试验中没有出现阳性反应，但病熊猫"亮亮"输血中出现了高热排异反应，还是应该采取更为谨慎和稳妥的输血方法。这次为了给"永亮"输血，特意请北京血站给予帮助。

① 许娟华，于永哲，郑锦璋，大熊猫输血治疗．
② 许娟华，于永哲，郑锦璋，大熊猫输血治疗．

根据输血方案，2月15日一大早，兽医们紧急麻醉采集黑熊血，送到血站配血。为了慎重，血站进行了多项配血试验，采用盐水法、间接抗人球蛋白试验法以及菠萝酶试验法进行交叉配血试验。主配试验是受血动物"永亮"的血清和供血动物黑熊的红细胞之间的反应，副配试验是供血动物黑熊的血清和受血动物"永亮"的红细胞之间的反应。任何测试试验出现凝集或溶血则为阳性反应，输血都不可施行。配血结果显示，黑熊全部没有出现凝集、溶血反应，可以用黑熊给"永亮"输血。另外，考虑到"永亮"的病情，假若给"永亮"输黑熊的全血，势必给其血液循环带去过重的负荷，如果仅仅输入红细胞，或许能够既提高"永亮"的血液供氧和造血功能，又不会累及病熊猫虚弱的身体。最后，兽医将500毫升黑熊全血分离的红细胞，用生理盐水洗涤了3遍后，又配制成500毫升红细胞悬液，输给了"永亮"。在输血过程中，大家的神经绷得紧紧的，一直观察"永亮"的神智、可视黏膜颜色，测体温、心率，听肺音，并用保温设施维持输血瓶温度在37℃，每隔15分钟摇动1次，防止红细胞沉积，影响输血速度。2小时过去了，"永亮"没有出现任何排异、发热等不良反应。考虑到"永亮"机体虚弱，药物麻醉耐受力差，输血的全过程在保定笼内，采取了风险较低的物理保定方式。输血后的当晚，"永亮"的体温恢复到正常；次日，"永亮"肺部的湿啰音消失。

"永亮"的生命危象得到缓解，并没有让医疗护理小组松口气。虽然输血过程安全，没有出现排异反应，但是第1次输血的效果并不明显，没有改善"永亮"血红蛋白过低的状况。2月17日，医疗护理小组决定第2次输黑熊的血，将另一只黑熊600毫升全血的红细胞输给了"永亮"。在两次输血的过程中，为了提高"永亮"机体的造血机能，同时肌内注射了促红细胞生成素；为了防止造血机能障碍引发出血，还采取了肌内注射药物的预防措施。与治疗相配合，医疗护理小组多管齐下，积极地采取了防感染、保体温等多项防护措施，使得"永亮"的精神状况和食欲很快得到改观。2月21日兽医们再次进行了血检："永亮"的红细胞由输血前的 2.2×10^{12} 个／升上升到了 3.39×10^{12} 个／升（平均值 6.29×10^{12} 个／升），血红蛋白由31克／升上升至51克／升（平均值121.38 克／升），白细胞由 25.0×10^{9} 个／升降至 10.5×10^{9} 个／升（平均值 7.95×10^{9} 个／升），特别是网织红细胞由原来的0.1%上升到2.4%。2月27日，也就是"永亮"输血后的第12天，它体重开始出现上升。最后"永亮"的大部分指标恢复到正常，其中，血红蛋白值甚至升到了74克／升。[1]

这一次采取单纯输入黑熊红细胞，是针对"永亮"的病情，不仅为"永亮"的机体补充了血容量，维持了正常的血液循环，还起到了为血液送氧的作用，

---

① 北京动物园，2019.北京动物园文集 [G].北京：中国农业大学出版社.1998; 张成林.圈养大熊猫健康管理 [M].北京：中国农业出版社.

北京市科学技术进步奖证书（1995年）

从而维持了血液的气体交换功能，进而促进了病熊猫各个器官功能的恢复和正常运行。①

输血治疗挽回了大熊猫"永亮"的生命，没有出现短期、长期的副反应。而且，治疗后"永亮"恢复了正常的生长发育，在它3岁半时出现明显的性行为。大熊猫种间输血成功，其真正意义重大：其一，可以采用黑熊血液给大熊猫进行输血治疗，从而解决救治大熊猫贫血中常见的血源稀缺问题，为挽救更多濒危野生动物的生命探寻出了一条全新的保护途径；其二，种间输血的可行性是野生动物医学和生物学研究的一项重大突破，从而为这些学科的发展开辟了一个崭新的科研领域。1995年，"大熊猫种间输血"项目荣获了北京市人民政府授予的科学技术进步三等奖。②

虽然，两次大熊猫种间输血治疗获得了成功，但在病情判断、输血治疗等操作过程中仍存在许多问题，需要不断探索研究。大家认真分析了大熊猫"永亮"发病和治疗过程，在总结经验教训的基础上，提出了饲养管理制度的改革方案。

通过反复分析"亮亮"和"永亮"的病案，大家既有收获也有疑问："亮亮"第一次输大熊猫血，输血过程没有出现异常；第二次输了黑熊的血，输血过程中出现了过敏反应，过敏的原因是什么？"永亮"在第一次种间输血后的第二天，肺部湿啰音消失的现象说明湿啰音并非是炎症的渗出，而应该与血液稀薄有关，因为一般情况下，使用抗菌药物不可能让炎症很快消失；另外，"永亮"体温升高时，白细胞总数基本正常，说明肺部的炎症并不是感染引起的，应是重度贫血造成机体免疫力下降的反应，贫血表现为原发性的，呼吸道感染则表现为继发性的。对"永亮"重度贫血的致病原因，医疗护理小组有一点特别的认识："永亮"是在治疗病毒感染性偏瘫的半个月后发生的重度贫血，说明急性贫血症的发生可能与抗病毒药物使用有关。③

138

① 北京动物园，1998.北京动物园文集 [G]. 北京：中国农业大学出版社.
② 北京动物园档案资料。
③ 许娟华，张成林，等，大熊猫种间输血研究。

由于大熊猫数量少，案例更少，解开疑问往往需要等待可遇不可求的机遇，甚至需要付出几代人旷日持久的努力，才有可能窥探出一点蛛丝马迹，还有些疑问甚至变成了不解之谜。因此，研究珍稀野生动物的难度之大，远远超出了常人的想象。

尽管没有得到继续验证疑问的机会，但医疗护理小组并没有放弃对"永亮"重度贫血致病原因的探究。经过一番努力，医疗护理小组终于从血检指标中找到了蛛丝马迹。他们发现，"永亮"最初血检中，网织红细胞仅有 0.1%，这是再生障碍性贫血的典型特征。网织红细胞数量是用来判断骨髓红细胞系统造血状况的指标，网织红细胞计数低，意味着骨髓造血功能低下，多见于再生障碍性贫血、溶血性贫血的危象。人再生障碍性贫血的病因，除了基因和放射性因素外，还可能与肝脏病毒感染和抗生素等化学药物使用有关。而以往出现过的大熊猫造血功能障碍的病案，则多因长期营养不良所致。[1] 为了进一步查明"永亮"造血机能低下的主要原因，医疗小组开展了更加深入的调查。

"永亮"6 月龄时，体重达到 19.6 千克，创下了北京动物园大熊猫幼仔的新纪录，但 1 岁多以后却发育迟滞、体重增长缓慢。"永亮"2 岁 4 月龄发病时的体重为 63.5 千克，明显低于亚成体雄性大熊猫 70~85 千克的参考值。生长阶段，"永亮"的食物转换进展得并不顺利，1 岁之后竹类的摄入量低于平均水平，饲料中粗蛋白和粗脂肪的含量明显高于其他亚成体雄性大熊猫的饲料配比。精饲料比重偏高，竹饲料摄入不足，"永亮"的营养消化吸收就易出现问题，严重时导致营养不良、贫血和其他并发或继发性疾病，甚至损害或抑制造血系统机能的运行。[2] 此外，"永亮"的圈舍小，活动量不足，也应该是影响食物消化的一个客观原因。另外，有一个现象再次引起兽医的高度重视，那就是野生动物进化出了对环境极强的适应力，只要有一口气就会不停地吃，不轻易表现出来症状，或只表现出轻症，疾病不发展到一定程度，一般的人根本发现不了，饲养和管理人员往往容易被那些看似正常的表象所迷惑，结果当表现出不适症状时，已经到了疾病的后期，延误了最佳治疗时机。因此，医疗护理小组提出了优化大熊猫的饲养管理制度和医疗保健制度的建议。

在那之后，北京动物园对圈养野生动物的管理制度进行了深度的改进：第一，建立定期采血化验和定期全面体检的疾病预防保健制度；第二，制定更为科学的饲料配方；第三，进一步完善数据化管理。那一时期，产后大熊猫的母幼护理喂养方式、未成年大熊猫的体能训练方法等改进的饲养管理办法

① 北京动物园，1998.北京动物园文集 [G].北京：中国农业大学出版社.
② 北京动物园，1998.北京动物园文集 [G].北京：中国农业大学出版社.

日渐成熟。①

20世纪90年代后，北京动物园大熊猫的消化－营养不良问题得到了有效控制，饲养、管理与疾病防治的总体水平明显提升。不过，还有一个因素的作用同样不容忽视，那就是大熊猫的主要食物——饲用竹得到了初步的解决。1982年后，北京动物园在河南焦作地区找到了适合大熊猫食用的饲用竹，根据北京动物园提出的竹子种类和数量要求，由当地人员负责采集、包装、运输，每周2~3次。至此，北京大熊猫饲用竹的供给质量和数量得到基本保障。外界的人们恐怕想象不到，北京动物园从1955年开始饲养大熊猫到基本满足大熊猫饲用竹的供给，时间跨度竟然长达近30年！② 今日回首那段往事，不得不让人感叹：北京动物园的老一辈大熊猫饲养人，在饲养条件那样简陋不堪的情况下，能突破一道又一道的难关，创造出一个又一个大熊猫饲养繁殖的奇迹，是何等的了不起和令人敬佩啊！

（四）

几十年来，北京动物园在大熊猫发情、配种、种公兽培育、人工授精、人工育幼、麻醉、寄生虫防控、营养调配、亚成体营养不良等多方面不断地研究，取得了显著成果，除了幼仔成活率大幅度提高、亚成体营养不良发生率大幅度降低之外，双胞胎成活率的试验研究也取得了重大进展。

在科研初期，北京动物园的工作人员就意识到，在圈养大熊猫种群退化的情况下，摆脱条件制约的唯一出路就是挖掘大熊猫的繁殖潜能，提高繁殖率和成活率。有了这个明确的方向，工作人员首先抓住了问题的切入点，即雌性大熊猫繁殖生理的潜能到底有多大？表现在哪些方面？用什么方式和手段去挖掘这些潜能？然而，找到破解谜团的切入点，并不意味着相关研究可以顺风吹火地开展，很多时候仍需在大量的辅助试验中进一步打开认知的窗口，并寻找出解决问题的方法。求证雌性大熊猫生育的年限，就经历了这样的过程。

一次，兽医对1只23岁死亡的雌性大熊猫进行病理解剖，工程师刘维新在卵巢中意外地观察到了黄体，认为23岁高龄的雌性大熊猫仍然有繁殖能力。1994年，大熊猫班班长王万民等通过早期培育，使1只3.5岁的雌性大熊猫发情，并成功地实现了自然交配，说明经过特别培养，4岁前的雌性大熊猫便可进入繁殖年龄。也就是说，大熊猫的繁育年龄可由4岁延续至23岁，甚至更

① 北京动物园，1998.北京动物园文集[G]. 北京：中国农业大学出版社；成都动物园，1993. 成都国际大熊猫保护学术研讨会论文集[C].成都：四川科学技术出版社；北京动物园档案资料。
② 北京动物园档案资料；王万民访谈记录。

长，时间跨度可达 19 年。① 所以，只要采取的饲养方式适宜，就有可能最大限度地发挥出雌性大熊猫的繁殖潜能，延长它们的生育年龄。

很多雌性大熊猫在发情期可以排出 1~3 个卵子，繁殖双胞胎的概率很高，但却无法让 2 只幼仔都存活下来。因此，工作人员将提高大熊猫双胞胎成活率与挖掘雌性大熊猫繁殖潜能的课题联系起来研究。②

这一时期，北京动物园的大熊猫科学化饲养管理体系已十分完善，尤其是已经有了成功培育种公兽的经验。同时，工作人员已对雌性大熊猫开展了多年的培养试验，最终将 1 只雌性大熊猫"亚庆"成功培养成可以自然繁殖的母兽，将以往雌性大熊猫的性成熟年龄和配种年龄提前了 1~2 年。

"亚庆"于 1990 年 9 月 20 日出生，由母兽哺育成活。在它 2 个月大时，工作人员便开始了人工辅助母兽育幼的尝试。采取辅助母兽哺育措施，幼年期的"亚庆"生长得十分健壮，发育指标全部正常。"亚庆"进入食物转换期后，工作人员又试用了新改进的饲料配方和饲喂方法，"亚庆"平稳地度过了胃肠炎的高发期。1994 年初，不足 3 岁半的"亚庆"体重接近 100 千克，表现出性成熟的迹象。这时，熊猫班班长王万民让"亚庆"提前接触公兽，接受公兽的各种刺激，从中学会与异性进行信息交流。经过培养，几个月后奇效出现了，1994 年的 4 月末，"亚庆"发情了，走动、戏水、蹭阴等，各种发情表现十分典型。到了 6 月初，"亚庆"的生殖器官也出现了明显变化，发情行为更是一天比一天强烈。6 月 10 日，工作人员尝试着让"亚庆"与雄性大熊猫合笼，学习交流与磨合。经过连续几日的合笼训练，6 月 15 日，"亚庆"欣然接受了公兽的爬跨，顺利地实现了第一次自然交配；17 日又成功自然交配了 2 次。③"亚庆"创造了圈养雌性大熊猫自然交配的最小年龄纪录，也将圈养雌性大熊猫 5~6 岁的繁殖年龄提前到了 3.5 岁！

延长雌性大熊猫生育年龄的研究有了进展，于是进一步提高双胞胎存活率的研究更加紧迫。其实，20 世纪 90 年代初期，国内的科研人员就已经开展了提高大熊猫双胞胎存活率的研究，并取得了育活双胞胎成果：一项是 1990 年成都动物园首创的人工辅助雌性大熊猫哺育双胞胎技术，另一项是 1992 年北京动物园首创的大熊猫全人工育幼成活技术。这两项技术破解人工育幼难题的方法不同，却都成功地育活了大熊猫双胞胎幼仔。两项技术各有特色，可以相互借鉴。

① 刘维新，充分利用现存圈养种群繁殖大熊猫、圈养环境中大熊猫育龄期的观测；王万民、秋弘、马涛，45 月龄性大熊猫自然配种记录。
② 刘维新，充分利用现存圈养种群繁殖大熊猫。
③ 王万民，秋弘，马涛，45 月龄雌性大熊猫自然配种记录；王万民访谈记录。

1990年，成都动物园是通过"直接换仔"的方法，实现大熊猫"一母带双仔"的效果。这一育幼技术的最大特点是在雌性大熊猫妊娠期乃至更早的时期开始训练，对特定信号和刺激形成条件反射，并减少对人员操作时的应激反应。母熊猫分娩后，饲养员能够直接从母熊猫的怀中取出幼仔，进行调换幼仔的操作，达到两只幼仔轮流吃上母乳，最后双双成活。成都动物园大熊猫育活双胞胎的成果，荣获了1992年国家科技进步二等奖。[①]不过，这项技术操作起来并不容易，由于饲养员替换幼仔时需要直接从母兽怀里取仔，母兽很容易受到惊扰。尤其是在大熊猫分娩后最初几日特别敏感，出于哺喂初乳的需要，每隔2~3小时饲养员就必须轮换1次，这种高频率的"换仔"，操作起来存在很大的安全风险。

北京动物园开创的大熊猫"全人工育幼"技术，完全由人工饲养，同样存在着操作风险。免疫物质选择、饲喂环境控制、营养物质调配、机能行为发育等没有形成规范的操作，[②]技术复制成功的难度很大。

工作人员很清楚，要想全面提升大熊猫双胞胎的存活率，还有很多工作要做。可否将上述两种方法结合起来，通过完善这两项哺育大熊猫双胞胎的技术，设计出"间接换仔"方法（又叫间接换仔法），就是在大熊猫分娩以后，设法让母兽把幼仔放在地上，到另一个房间，饲养人员趁机互换幼仔。这样不直接从大熊猫的怀里换幼仔，可减少风险，提高双胞胎成活率。1998年工作人员终于等来了哺育大熊猫双胞胎的机会，对前期研究中的设想展开了实践探索。

1998年的4月，雌性大熊猫"乐乐"进入了发情高峰期，通过"自然交配加人工授精"完成了配种。同年9月25日，"乐乐"产下双胞胎幼仔。为了迎接这对大熊猫双胞胎幼仔的降生，北京动物园落实了"间接换仔"的"一母带双仔"育幼方案，"乐乐"分娩后，先避开"乐乐"产后的敏感期，待其情绪稳定后，诱导"乐乐"放下怀抱的幼仔，到另一间屋，饲养员趁机换仔，换仔后再把"乐乐"引回来抱上另一个幼仔，让两个幼仔轮流吃母乳。而在"换仔"之前，另一只幼仔采用全人工育幼技术哺喂，补充必要的免疫和营养物质。确切地说，北京动物园设计的"一母带双仔"方案，是将成都和北京的两项大熊猫育幼技术结合起来，"换仔"过程中，饲养人员不与母兽接触，人工哺育的幼仔给予免疫物质，形成了一套易操作、更安全的人工辅助大熊猫哺育双胞胎幼仔的技术。

1998年9月25日，雌性大熊猫"乐乐"第四次产仔，但分娩后一连几日

---

① 钟顺隆，张安居，冯文和，等，大熊猫双胞胎育幼。
② 钟顺隆，张安居，冯文和，等，大熊猫双胞胎育幼；王长海，许娟华，张金国，等，全人工哺育大熊猫初生幼仔。

不吃不喝紧紧地抱着第一个幼仔"京刚"。为了让"乐乐"安心哺育幼仔，只由"乐乐"熟悉的一位饲养员照顾和做记录，另一只幼仔"京惠"则被送进育幼保温箱，开始了全人工哺育。几日后，繁育小组便对"乐乐"开展了"间接换仔"计划的培训。实施计划的第一天，工作人员尝试着用不同的方法引导"乐乐"放下幼仔，到旁边的圈舍进食，连续几天的操作逐步消除了"乐乐"的不安情绪。幼仔 8 日龄那天，"乐乐"已经习惯了放下幼仔到邻舍取食的生活节奏，便尝试着实施"换仔"。为防止母兽"乐乐"出现"排斥异味"的行为，"换仔"之前，工作人员在全人工育幼的那只初生仔身上涂抹了"乐乐"的尿液。[①]

尽管做了充足准备工作，但第一次进行"换仔"，工作人员仍然感到忐忑不安，他们无法预料怪脾气的"乐乐"能否接受沾过人气味的幼仔。只见"乐乐"和往常一样，在隔壁圈舍进食后返回了自己的育幼室，但这一次它却未像往常那样，直接将幼仔从地板上衔起来抱在怀里，而是反反复复对"调包"的"京惠"闻来闻去。那一刻，监控的工作人员都紧张地屏住呼吸，生怕喘息声惹来麻烦。"乐乐"嗅了好一阵子，最终将"京惠"抱在了怀中。"间接换仔"成功了！所有人都难捺心中的狂喜。

"间接换仔"成功后，为让两只大熊猫幼仔能够相对均匀地吃到母乳，工作人员每 3~4 小时就要"换仔"一次。随着幼仔逐日长大，"乐乐"母乳很快出现了分泌不足的现象，已不能供养两只幼仔了。于是，繁育小组果断地为幼仔补充了人工乳，在幼仔 1~2 月龄时，人工乳的补充量达到了摄乳总量的 70%，"换仔"也因此改为 12 小时 1 次。

双胞胎幼仔 4 月龄时，开始实施"一母带双仔"计划的第二个步骤，将双胞胎幼仔一同交由母兽"乐乐"养育。交还双胞胎幼仔的过程非常顺利，对同时出现的两只宝宝，"乐乐"竟然没有任何异样的反应，一下子就欣然接受了。[②]在此之后，母兽"乐乐"开始了全权管理教育双胞胎幼仔的过程，而人工辅助工作只剩下补充人工乳和饲料。

转眼 100 天过去了，"京刚""京惠"生长发育良好。接下来的"一母带双仔"计划不仅进展得十分顺利，而且实施效果远远好于预期。两只大熊猫幼仔 6 月龄时，体重均达到了 17 千克，这个重量不仅表明两只幼仔发育均衡，而且在大熊猫圈养繁殖的幼仔中，也算得上是佼佼者。更可喜的是，在母兽"乐乐"的教育下，两只幼仔行为发育很快。首先，它们较早地学会了独自饮水和啃咬竹叶、竹竿、胡萝卜，自然进入了食物转换期；其次，幼仔较早地模仿出了各种叫声，对竹笋、苹果、精料的嗅觉判断也比人工培育的幼仔敏锐许多；再

第四章
奏响大熊猫生命的凯旋之歌

---

① 黄世强，王万民，等，人工哺育辅助大熊猫一母带双仔。
② 黄世强，王万民，等，人工哺育辅助大熊猫一母带双仔。

大熊猫"京刚""京惠"百日照片

者，幼仔的抓握、撕咬、跑跳、扑打等肢体行为的进步尤为突出，精力也比既往人工培育的大熊猫幼仔旺盛许多。① 而这种自然教育的效果，也正是北京动物园"一母带双仔"的试验所期待的。

北京动物园人工辅助大熊猫母兽哺育双胞胎的试验成功，使大熊猫"一母带双仔"的原创技术得到了补充和完善。其一，"间接换仔法"，不需要事先对母兽进行条件反射培训，克服了原创"换仔计划"不易操作的不足。其二，"间接换仔法"将原创的"一母带双仔"和"全人工育幼"技术结合在一起，充分发挥了两项技术的优势。其三，4月龄时，将双胞胎幼仔一同交还母兽，使幼仔受到全面的行为示范教育，不仅延伸了"一母带双仔"的计划，而且丰富了"一母带双仔"技术的内涵。北京动物园的"一母带双仔"试验取得了多项大熊猫繁育技术的突破，因此在 2000 年荣获北京市园林局科技进步二等奖。② 同年，廖国新、张恩权、朱大雪坚持的大熊猫饲料日粮标准研究也有了结果，大熊猫日粮标准研究成果也获得了北京市园林局科技进步二等奖。③

漫漫求索路　殷殷国宝情
——北京动物园大熊猫易地保护研究纪实

---

① 黄世强，王万民，等，人工哺育辅助大熊猫一母带双仔。
② 北京动物园档案资料。
③ 北京动物园档案资料。

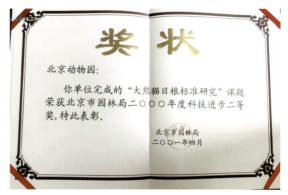

北京市园林局科技进步奖证书（2000 年）　　　　　北京市园林局科技进步奖证书（2000 年）

　　进入 21 世纪后，随着大熊猫的饲养管理、饲料营养、发情配种、育幼等基础问题得到解决，大熊猫易地饲养技术不断完善，大熊猫的圈养种群数量不断增多，基本排除了灭种威胁。2016 年，世界自然保护联盟（IUCN）经过科学评估，宣布将大熊猫的保护级别由"濒危"调整为"易危"，这是大熊猫保护史上的重要事件。

　　然而，现实中大熊猫之谜仍然很多。

　　问题之一：雌兽排卵年龄有多长？现在最长怀孕大熊猫年龄是 22 岁，但北京动物园兽医曾经在 32 岁雌性大熊猫体中看到发育中的卵泡。22 岁以后的大熊猫还能生育吗？大熊猫的生育年龄到底有多长？

　　问题之二：大熊猫的妊娠过程仍是个谜，交配后卵子什么时候受精变成受精卵，受精卵什么时候着床？现在大熊猫的"妊娠期"最短的 72 天，最长的 324 天，大熊猫真正的妊娠期从什么时候开始计算？北京动物园兽医从意外死亡大熊猫子宫中看到了大熊猫的胎儿，该雌性大熊猫是配种后 123 天死亡的，根据胎儿发育形态判断为 20 日龄左右，前 100 天的精子、卵子、合子以什么方式待在哪里？目前以最后的配种日起到分娩日，算作大熊猫的妊娠期，这样真的科学吗？

　　问题之三：假孕现象在大熊猫出现的频率很高，适于繁育年龄的雌性大熊猫，在发情期出现发情表现，配种后到了正常的分娩期出现产前表现，但是最后没有分娩，是假孕，还是中途停止妊娠？妊娠停止的原因是什么？

1998 年，32 岁大熊猫"沙沙"的卵巢及卵泡

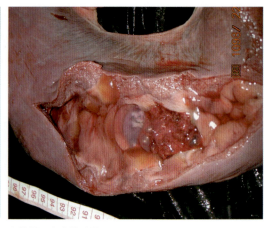

大熊猫子宫内的胎儿

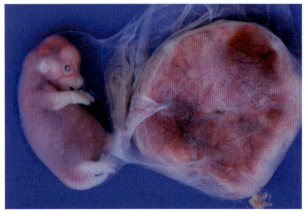

2008 年患病死亡大熊猫的胎儿胎盘

1996 年发现大熊猫"岱岱"粪便中的羊膜

　　1996 年 8 月，兽医巡视时，在大熊猫"岱岱"的粪便上看到一团红色排泄物，临床检查不像是黏液，化验室检查发现是胎儿羊膜。大熊猫"岱岱"1996 年 3 月中旬进行了配种，正常 8 月是分娩时期，却只排出了羊膜，没有看到胎儿，胎儿哪里去了？

　　问题之四：大熊猫的消化过程是怎样的？吃进去的食物分段排出，竹叶便、竹竿便、竹笋便等截然分明，食物在胃肠道没有混合，依次通过并排出！一般大熊猫的肠道长度在 600 厘米左右，曾经监测竹子吃进后 6 小时就排出了，肠道蠕动远远比其他动物快。

　　问题之五：大熊猫排黏液是正常现象，大熊猫以竹子为主食，胃肠道分泌大量黏液，可包裹竹子，保护肠黏膜。为什么那么多大熊猫排黏液时那么痛苦，黏液有黏稠的、稀薄的等各种性状，甚至有消化道炎症发生，是哪一段肠道分泌的黏液？曾经看到在死亡大熊猫的整个肠道黏膜上都是黏液。

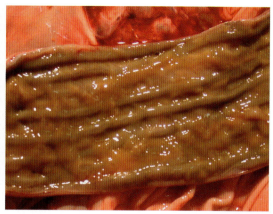

大熊猫一次排出各种食物粪便　　　　　　　　　　大熊猫肠道内的黏液

问题之六：白内障疾病在人常见，老年大熊猫白内障也多发。2013 年曾经发现 1 只 19 岁大熊猫发生轻度白内障，但 2 年后，也就是 2015 年，白内障消失了。引起大熊猫白内障的原因是什么？与人的白内障发生机制一样吗？

问题之七：分类学上，大熊猫为食肉动物，保留了食肉动物的牙齿、胃、肠结构，但进化出了适于抓握竹子的第六指！大熊猫还在进化过程中吗？能进化出适于消化植物的多胃或大结肠吗？

工作中有层出不穷的谜，以上仅仅列出几个，实际中还有许多。这些谜题对大熊猫保护提出了新的挑战，大熊猫疾病防控难题愈显突出。因此，北京动物园的大熊猫保护研究工作重点有了变化，进一步加强基础研究：一是疾病防治成为主要研究对象，并从分子水平研究疾病发生机理；二是关注大熊猫种群发展，将管理和技术相结合，2016 年提出了圈养野生动物健康管理理念，2019年撰写出版了《圈养大熊猫健康管理》专著，提出了圈养大熊猫的个体健康标准和族群健康管理，为今后大熊猫种群持续健康发展提出了建议，逐步加强老年大熊猫健康护理，提高大熊猫福利水平。

北京动物园愿为大熊猫物种稳定、持续、健康发展继续努力！

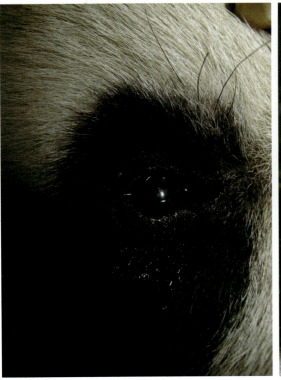

大熊猫白内障（2013年）

大熊猫白内障消失后的眼睛（2015年）

《圈养大熊猫健康管理》

漫漫求索路　殷殷国宝情
——北京动物园大熊猫易地保护研究纪实

附录

附录一　北京动物园大熊猫饲养管理人员

附表 1.1　饲养队参与人员

姓名	年份	备注
王金俊	1955	主管 科研所
王金刚（老）	1955	饲养员
董淑华	1956—1969	饲养员 杂一班班长
李学仁	1956—1959	饲养员
张功晟	1956—1958	饲养员
姚宝和	1956—1969	饲养员
白淑敏	1957—1981	饲养员 杂一班班长
鲁 成	1957—	检疫场饲养员 主管队长
安印合	1957—	检疫场饲养员
李 英	1960—1962	饲养员
闫国荣	1970—1975	饲养员
朱继红	1970—	饲养员 杂一班副班长
王慧芳	1975—1978	饲养员
王 林	1975—	饲养员 新检疫场
程万祥	1985—	饲养员 杂一班班长
王万民	1978—2003	饲养员 大熊猫馆班长（1990）
闫国英	1978—1985	饲养员
高志强	1982—1983	饲养员
王金刚（小）	1983—1986	饲养员
安香燕	1985—	饲养员
贾淑平	1985—	饲养员
许艳梅	1985—	饲养员
刘双利	1985—	饲养员
高志军	1986—2013	饲养员
马 涛	1989至今	饲养员，2010年担任大熊猫馆班长
刘彦晖	1989至今	饲养员
李燕青	2001—2010	饲养员 大熊猫馆班长（2001）
李宏军		饲养员 训练员
刘茂堂	1988—	饲养员

姓名	年份	备注
张淑兰	1988—	饲养员
李景录	1988—1995	饲养员 新检疫场
孙连生	1990—	饲养员
朱大雪	1985—	技术人员
张 敬	1990—1992	技术人员
李占义	1992—1996	饲养员
闫宝芝	1992—2014	饲养员
白素琴	1992—2002	饲养员
李常青	1993至今	饲养员
栾 洋	1994—	饲养员 科研所
刘 越	1994—	饲养员
马艳明	1995—1997	饲养员
李 莹	1995—1997	饲养员
马文宣	1995—1999	饲养员
陈际青	1996—	饲养员
冯海东	1997—1999	饲养员
李秀云	1997—1998	饲养员
王 伯	1997至今	饲养员
默 潇	1997—2003	饲养员
常 春	1998—2000	饲养员
张 涛	1998—2011	饲养员
李金樑	1998—2016	饲养员
王庆民	2001—2016	饲养员
杨 毅	2005—2007	饲养员
徐海泓	2007至今	饲养员
夏 怡	2012—2013	饲养员
王 曦	2013—2016	饲养员
席 帆	2013—2014	饲养员
刘兆翀	2014—2016	饲养员
董 杉	2014至今	饲养员
朱建超	2014—2016	饲养员
刘 鑫	2014—2015	饲养员
姜瑞婕	2011—2014	饲养员
王忠鹏	2014—2016	饲养员

姓名	年份	备注
赵玉丽	2015—2017	饲养员
刘冬冬	2015—2018	饲养员
苏燕京	—2016	饲养员
李思涵	2016—2017	饲养员
倪艳霞	2017—2020	技术员
徐 泽	2018 至今	饲养员
许 铮	2017 至今	饲养员
纪 超	2017 至今	饲养员
刘 萍	2017—2017	饲养员
崔胜楠	2018 至今	饲养员
刘 旭	2018 至今	饲养员
白 旭	2018—2018	饲养员
魏亚楠	2019 至今	饲养员
邓昱晨	2019 至今	饲养员
张锡格	1973—2010	饲养队队长
王振义	1974—	饲养员 主管队长 交换科科长
彭念宁	1987—1989	饲养员、交换科副科长（1994）
张耀华	1982—2016	主管队长（1994）
刘福祥	1990—2009	饲养队队长
王泽重	2009—2019	饲养队队长
刘 斌	2019—2020	饲养队队长（2019）
张轶卓	1992 至今	技术人员 副队长 队长（2020）
张恩权	1992—1998	技术人员 主管队长（1994）
侯启明		饲养员 主管队长
王富强		主管队长
刘学锋	1998 至今	技术人员 重点实验室副主任 饲养队主管队长（2020）
李栋睿	2004—2019	主管队长 书记（2019）
王 嵩	2019—2020	饲养队书记（2019）
姜 鹏	2020—2022	饲养队书记（2020）
魏 珊	2022—	饲养保障队队长 书记
李金生	2022—	饲养队队长 书记
穆怀永	2022—	饲养队副队长
李 静	2022—	饲养队东区区长
李 菁	2022—	饲养队东区技术主管

附表 1.2　十三陵饲养基地参与人员

姓名	年份	备注		
尚喜灿	1973—	十三陵基地	饲养员	负责人
张国生	1969—1988	十三陵基地	饲养员	动物园草三班
王延顺	—1979	十三陵基地	饲养员	动物园杂二班
翟春青	1979—	十三陵基地	饲养员	动物园检疫场
吴建国	1979—1992	十三陵基地	饲养员	动物园饲养队
刘金彦	1980—	十三陵基地	饲养员	动物园科研所
刘启传	—1980	十三陵基地	饲养员	动物园饲养队草一班
刘金钟	—1980	十三陵基地	饲养员	
吴善政	1980—	十三陵基地	饲养员	动物园饲养队杂二班
关树春	1980—	十三陵基地	负责人	动物园饲养队草二班
许良	1980—	十三陵基地	饲养员	
李长元	1980—	十三陵基地	饲养员	
刘加林	1980—	十三陵基地	饲养员	负责人
齐宝忠	1982—	十三陵基地	饲养员	

附表 1.3　科研组、科研所参与人员

姓名	年份	备注		
黄惠兰	1955—1978	技术员	科技组	63 年任主管
甘声云	1955—	技术员		
廖国新	1961—	技术人员	队长	所长
欧阳淦	1961—1966	技术人员	科研组	
刘维新	1962—	技术人员	副所长	
叶涟漪	1963—1976	饲养员	科技组	
李成忠	1964—1979	技术人员	（香港）	
章曼虹	1965—1979	技术人员		
黄世强	1978	技术人员		
谢钟	1982—1995	技术人员		
刘农林	1982—1995	技术人员		
王晓洪	1985—	技术人员	（新西兰）	
王长海	—1994	饲养员	科研所	育幼
刘志刚	—1994	饲养员	科研所	育幼
张秀兰	1985—	饲养员	科研所	育幼
张德森	—1994	饲养员	科研所	
叶怀岭	—1994	饲养员	科研所	
刘金彦	—1994	饲养员	科研所	

附表 1.4 兽医院参与人员

姓名	年份	备注
黄逢坤	1952—1978	兽医室主任
孙明玖	1955—1977	兽医
杨继光		兽医
穆培刚	1956—1993	
林英涛	—1975	兽医 院长（香港）
罗家维	—1992	兽医院实验室
于永哲	1971—1993	兽医
王复权	1974—1994	兽医
李树忠	—1994	兽医、照相
龚光建	1976—2024	兽医院实验室
有 方	1981—2017	
杨宝忠	1985—1994	
罗 毅	1986—2023	兽医
李 辉	1990 至今	
杨明海	1992 至今	兽医院实验室 副书记 副院长
彭真信	1992—2016	兽医 兽医院长 交换科科长
朱飞兵	1993—	兽医院院长 饲养队队长 交换科科长
普天春	1993 至今	兽医 十三陵基地主任 动管部主任 兽医院长
卢 岩	1993 至今	兽医 主管队长 兽医院长 动管部主任 重点实验室常务副主任
赵 岩	1993 至今	
夏茂华	1998 至今	兽医
贾 婷	2009 至今	兽医 兽医院副院长 实验室常务副主任 动管部主任 动业科科长
杨春喜		病房护理
黄金声		病房护理
郑振江	1978—1983	病房护理
南宝桥		病房护理
宋德启	1994—	病房护理
张海波	1994—1999	病房护理

附表 1.5 园领导

姓名	年份	备注
崔占平	1955—1963	北京动物园管理处主任
林伯衡	1963—1964	北京动物园管理处主任
刘玉华	1964—1968	北京动物园管理处主任

姓名	年份	备注
王 亮	1968—1973	北京动物园革委会主任
倪竖发	1973—1979	北京动物园革委会主任、管理处主任
李长德	1979—1980	北京动物园管理处主任
李扬文	1980—1991	1954 年来园，技术员 副园长 北京动物园管理处主任 园长
冯友谦	1974—1996	1974 年下半年兽医院长（班组建制）1980 年 2 月兽医副院长（科队建制），1983 年饲养队长 1984 年北京动物园副书记，1991 年动物园园长
宗 英	1996—2002	北京动物园园长
吴兆铮	1984—2016	1984 年来园，技术员 北京动物园园长 (2002)
李晓光	2016—2021	北京动物园园长
丛一蓬	2021 至今	北京动物园园长
郑锦璋	1953—1990	兽医、兽医院院长 总工
史森明	1983—1988	饲养员 主管副园长（1983—1988）
叶掬群	1985—1994	1962 年来园，技术员、主管副园长（1985—1994）
许娟华	1990—1995	1964 年来园，兽医、兽医院长、主管副园长（1990—1994）
闫振河	1973—	主管园长
王保强	1994—2012	1974 年 3 月 25 日来园，兽医、兽医院长、主管副园长（1994—2002.01）
张金国	1995—2015	1982 年来园，兽医、兽医院长、饲养队书记、主管副园长（1995—1997.01、2002.02—2015.09）
张成林	2016—2022	1989 年来园，兽医、兽医院副院长、兽医院长、交换科科长、动管部主任、主管副园长（2016.12—2022.02）
肖 洋	2022—	主管饲养队、饲养保障队、十三陵

说明：在职人员根据现在部门、退休人员根据退休时所在部门进行统计。

漫漫求索路 殷殷国宝情
——北京动物园大熊猫易地保护研究纪实

附录二 北京动物园有关大熊猫的大事记

年　份	有关大事
1950—1954	1950 年 8 月，北京市公园管理委员会第二次全体会议决定："西郊公园增设兽医，由市政府聘请华北大学兽医学校医师吴学聪任顾问"； 1952 年 4 月，留美兽医博士黄逢坤、黄惠兰夫妇回国，任动物园顾问； 1953 年，郑锦璋分配到动物园； 1954 年，请苏联专家来园进行技术培训；同年，李扬文分配到动物园
1955—1959	1955 年 6 月，第一次饲养大熊猫，王金俊担任主管至 1963 年； 1955 年 7 月 2 日，第一次展出大熊猫； 1955 年，园内自种竹子、玉米等饲料； 1956 年，董淑华任杂一班班长，至 1970 年； 1956 年 4 月，成立科学研究工作组，进行大熊猫饲养、饲料等观察研究； 1956 年 6 月，建成大熊猫馆； 1957 年，大熊猫"平平"到莫斯科； 1959 年，大熊猫"安安"到莫斯科； 1958 年，大熊猫"姬姬"被交换出国； 1959 年，张鹤宇、刘理在《动物学报》发表《大熊猫消化器官的解剖》
1960—1964	1960 年，动物园成立学术委员会，兽类学家秉志兼任主任，共 67 名委员； 1960 年，张鹤宇、林大城等在《动物学报》发表《大熊猫颅骨外形及牙齿的比较解剖》； 1960 年，大熊猫"兴兴"死亡，死因为感染蛔虫； 1961 年，5 名大学生来园，分别是武汉大学廖国新、欧阳淦，兰州大学李福来，山东大学戚静芬、何庆衡； 1962 年，北京大学生物系遗传专业刘维新、生理专业叶掬群毕业来园； 1963 年，黄惠兰担任大熊猫饲养主管； 1963 年，动物园成立饲养繁殖科研组，成员有黄惠兰、叶涟漪、欧阳淦； 1963 年 9 月 9 日，首次圈养大熊猫繁殖成功，母亲"莉莉"，幼熊猫"明明"出生； 1964 年，动物园成立科研组，成员有黄惠兰、叶涟漪、欧阳淦、叶掬群； 1964 年，北京农业大学兽医系许娟华、畜牧系李成忠，安徽农学院畜牧系周昌耀毕业来园
1965—1969	1965 年，建设十三陵繁育基地，后来在此种植竹子
1970—1974	1970 年，白淑敏担任杂一班班长，至 1981 年； 1973 年，开始在十三陵基地饲养大熊猫，尚喜灿负责； 1974 年，设立雄性大熊猫培育项目； 1974 年，北京动物园在《动物学报》第 20 卷第 2 期发表《大熊猫的繁殖及幼兽生长发育的观察》《大熊猫的人工饲养》《大熊猫的疾病与防治》
1975—1979	1978 年 1 月，经园林局党委常委同意，动物园成立科教组，组长李扬文，包括 3 个小组： 珍稀兽类繁殖研究组，负责人刘维新，成员 3 人。主要任务是研究大熊猫人工繁殖及人工授精。 鸟类饲养繁殖小组，负责人李福来，成员 3 人，主要任务是研究非洲鸵鸟、鸸鹋、食火鸡的繁殖及机器孵化，提高幼雏的成活率。 饲料与营养小组，负责人王金俊，成员 4 人，主要任务是提出合理饲料配方和研制野生动物的颗粒饲料。 1978 年，进行大熊猫麻醉研究，郑锦璋、许娟华等参加； 1978 年，成立人工授精实验组，成员有刘维新、叶掬群、李成忠、廖国新、郑锦璋；当年大熊猫人工授精成功，母亲"涓涓"，幼熊猫"元晶"出生； 1978 年，开展人工繁殖试验研究； 1979 年，刘维新等在《科学通报》发表《大熊猫人工授精繁殖试验》； 1979 年，在北京召开大熊猫人工授精技术培训班，21 家动物园技术人员参加

年 份	有关大事
1980—1984	1980年，王平等在《科学通报》1980年13期发表《初生大熊猫的组织学观察》； 1981年，刘维新等在《畜牧兽医通报》发表《大熊猫人工授中的几个问题》； 1982年，程万翔担任杂一班班长，至1986年； 1982年，李壮民（交换科）、孙兴祥（饲养队副队长）、程万祥（杂一班班长）等到河南焦作地区寻找竹园地； 1982年，设立大熊猫解剖项目，与北京大学、北京农业大学等共同开展研究。 1983年，王平等在《北京大学学报》发表《大熊猫组织学研究Ⅰ-消化道的显微结构》； 1984年，王平等在《动物学报》发表《大熊猫组织学研究Ⅱ-皮肤的显微结构》； 1984年，刘济五在《动物学报》发表《大熊猫胃的解剖》《大熊猫胃肠管和系膜的形态结构》； 1984年，林大城在《科学学报》发表《大熊猫系统解剖与器官组织学》； 1984年7月，大熊猫"迎新""永永"到美国洛杉矶展出； 1984年，开展大熊猫妊娠诊断研究
1985—1989	1985年，"大熊猫人工授精繁殖试验"获国家科技进步三等奖； 1986年，李杨文等主编《大熊猫解剖》由科学出版社出版，获北京市学术成果奖； 1986年，购买多普勒超声诊断仪，开展大熊猫妊娠检测； 1987年，彭念宁担任杂一班副班长（主持工作），至1990年； 1988年"大熊猫排卵规律及早期妊娠诊断的研究"获北京市科技进步二等奖； 1988年，十三陵基地的大熊猫转回园内，十三陵基地不再饲养大熊猫； 1989年，王平等在《动物学报》发表《大熊猫的组织学研究Ⅲ-消化道显微结构的年龄变化》
1990—1994	1990年，成立大熊猫班，王万民担任班长，至2000年； 1990年，张金国等研制吹管注射器； 1990年，王平等在《北京大学学报》发表《大熊猫卵巢的年龄变化》； 1991年，野生动物颗粒饲料推广与应用； 1992年，"大熊猫种公兽的培育"获北京市科技进步一等奖； 1994年，与成都动物园交换大熊猫，北京"永明"换成都"京蓉"
1995—1999	1995年，"大熊猫种间输血研究"获北京市科技进步三等奖； 1995年，"全人工哺育大熊猫初生兽的研究"获建设部科技进步二等奖； 1995年，"大熊猫人工繁殖研究"获国家科技进步二等奖； 1995年，张成林进行亚成年大熊猫营养不良研究； 1997年，参加"成都大熊猫繁育技术年会"，交流亚成年大熊猫营养不良研究； 1999年，进行大熊猫日粮标准研究
2000—2004	2000年，"人工哺育辅助大熊猫一母带双仔"获北京市园林局科技进步一等奖； 2000年，建成了大熊猫研究中心，该中心得到德国大众汽车集团赞助，由原非洲象馆改造。 2001年，李燕青担任大熊猫班长，至2010年； 2001年6月13日至8月6日，大熊猫"文文""犇犇"到俄罗斯莫斯科动物园展出； 2001年，刘学锋等开展圈养雄性大熊猫繁殖行为的训练； 2001年，贺情等开展亚成体大熊猫日粮中蛋白质的分析评定研究； 2001年，彭真信等开展大熊猫类固醇21-羟化酶基因的克隆及序列分析研究； 2002年，宗英等主编《野生动物血液细胞学图谱》，由科学出版社出版； 2003年4月23日，大熊猫"丫丫"赴美国孟菲斯动物园开展大熊猫保护教育合作； 2003年，刘学锋等开展圈养大熊猫睡卧行为的研究； 2003年，刘赫等开展圈养大熊猫日粮能量需求的研究； 2004年，张金国等开展大熊猫遗传图谱绘制研究； 2004年，与中国保护大熊猫研究中心交换，"迎迎""圆圆""甜甜"到中心，"大地""古古"来动物园

年 份	有关大事
2005—2009	2005 年，与中国保护大熊猫中心交换，"瑛华"来动物园。 2005 年，张金国等开展大熊猫馆公众教育研究； 2005 年，卢雁平等开展圈养雌雄大熊猫化学通讯与繁殖研究； 2006 年，刘赫等开展大熊猫生理节律与环境的研究； 2006 年，刘赫等开展植物雌激素对大熊猫繁殖的影响； 2006 年，周娜等开展非损伤法检测大熊猫生存健康状态的生理指标体系研究； 2009 年，"第一届两岸三地大熊猫保护学术研讨会"在北京召开
2010—2014	2010 年，刘学锋等开展不同保护区野生大熊猫粪便糖皮质激素水平比较研究； 2011 年，马涛担任大熊猫班长，至 2022 年； 2011 年，张成林等开展圈养大熊猫戊型肝炎病毒感染调查； 2011 年，普天春等开展北京动物园圈养大熊猫血液学季节性变化研究； 2011 年，刘学锋等开展大熊猫食用竹气味的研究； 2011 年，刘赫等开展大熊猫不同种动植物饲料氨基酸的吸收率实验研究； 2014 年，"大熊猫研究中心"改名为"圈养野生动物技术北京市重点实验室"
2015—2019	2015 年，大熊猫亚运馆后台改造，及运动场隔离栏增高，防游客跳入； 2015 年，刘燕等开展高通量测序技术分析北京动物园大熊猫肠道菌群多样性研究； 2015 年，杨明海等开展大熊猫病毒病本底调查； 2016 年，刘学锋等开展亚成体大熊猫对其他大熊猫个体粪便的气味识别研究； 2016 年，由玉岩等开展 Crystallin 家族相关基因在大熊猫白内障发生中的作用机制研究； 2016 年，赵素芬等开展大熊猫三维立体成像的构建及重要器官形态学变化研究； 2017 年，张成林等开展大熊猫与虎遗传谱系与繁殖技术研究； 2018 年，张成林等开展大熊猫圈养繁育与管理研究； 2018 年，杨明海等开展大熊猫食物结构与肠道菌群之间的相关性研究； 2018 年，刘赫等开展圈养大熊猫刻板行为与认知能力研究； 2018 年，刘学锋等开展大熊猫食物选择的嗅觉化学机制研究； 2018 年，李翔祥等开展流式细胞术在大熊猫红细胞—T 细胞免疫系统中的应用研究； 2019 年底，大熊猫亚运馆运动场隔离栏增加栏网，防游客投喂； 2019 年，张成林主编《圈养大熊猫健康管理》，由中国农业出版社出版； 2019 年，"第六届两岸四地大熊猫保护学术研讨会"在北京召开； 2019 年，由玉岩等开展大熊猫年龄相关性白内障发病机制研究； 2019 年，刘学锋等开展北京动物园圈养大熊猫主食竹中苦味类黄酮化合物的研究； 2019 年，胡昕等开展圈养大熊猫应激生理特征及保护应用研究； 2019 年，胡昕等开展基于游客引起的大熊猫应激影响肠道微生物代谢调控研究
2020—2021	2020 年，柏超等开展竹食性大熊猫食物选择的味觉感受机制研究； 2020 年，姜瑞建等开展舍饲大熊猫血液流变学的生理学研究； 2021 年，夏茂华等开展影响大熊猫排黏液的血清蛋白质组织学研究； 2020 年，胡斌等开展插画绘本创作《动物之"本"——大熊猫》； 2021 年，郑梦君等联合开展北京动物园圈养大熊猫肠道耐药性细菌的筛查； 2021 年，周娜等联合开展基于保护教育的北京动物园熊猫馆周边场所设计研究

157

附录三 北京动物园大熊猫易地保护获得的 8 项首次技术突破

1. 首次人工饲养条件下大熊猫自然繁殖成功。1963 年 9 月 9 日，北京动物园饲养的雌性"莉莉"产下 1 只雄性幼仔"明明"。"明明"于 1964 年 3 月断奶。1975 年 7 月送湖南省长沙动物园饲养展出，1989 年 8 月在该园病逝，寿命 26 岁。

2. 大熊猫首次采用人工授精方法繁殖成功。1978 年，成立"大熊猫人工授精小组"，经过人工授精、雌性大熊猫"涓涓"于 1978 年 9 月 8 日产下 2 仔，由母兽哺育成活第 2 仔，呼名"元晶"，雌性。首次采用人工授精方法繁殖成功。"元晶"是世界首例人工授精繁殖成功的大熊猫。获 1980 年北京市科技进步二等奖，1985 年国家科技进步三等奖。

3. 首次采用氯胺酮成功麻醉大熊猫。1978 年，经过试验成功采用氯胺酮成功麻醉大熊猫，并创新"氯胺酮加安定"复合麻醉新技术，减轻了氯胺酮的副作用，保障了大熊猫疾病防治和繁殖工作顺利开展。

4. 首次以超低温保存的冷冻精液人工授精繁殖大熊猫成功。1980 年 9 月 14 日，"圆圆"用人工授精方法繁殖 2 只幼仔，1 只取名"亮亮"的幼仔成活，首次以超低温保存的冷冻精液人工授精成功。

5. 撰写出版第一部大熊猫基础研究专著。1986 年，《大熊猫解剖——系统解剖和器官组织学》由科学出版社出版，填补了中国在大熊猫形态学研究领域的空白。获 1986 年度北京市学术成果奖。

6. 第 1 只全人工哺育大熊猫成活。1992 年 9 月，大熊猫"永永"产下一对双胞胎后，一只"永明"由母兽哺育，另一只"永亮"取出全人工哺育。经过科技、饲养人员的科学研究和夜以继日地精心饲养、护理，"永亮"最终成活，成为世界上首例全人工哺育成活幼仔。

7. 首次将人工授精繁殖的雄性培育成具有本交能力的种公兽。为解决人工饲养下繁殖的雄性多数缺乏自然交配能力这一难题，1987 年开始进行种公兽的培育研究，并对不同生长期的饲料做细致的研究。1992 年 4 月，"良良"性成熟，当年自然交配成功繁殖 1 胎 2 仔，用其精液人工授精成功繁殖 1 胎 1 仔。

8. 首次用黑熊为大熊猫供血成功。经多年研究，用黑熊为珍稀大熊猫供血。1986 年成功为大熊猫"亮亮"输黑熊血浆。1995 年 2 月，在抢救重度贫血大熊猫"永亮"时，将该项研究用于临床，配血和输血试验均获得成功，通过输血，病症缓解并恢复健康。研究成果获 1995 年北京市科技进步奖三等奖。

附录四　圈养大熊猫体重发育表

附表 4.1　圈养大熊猫体重发育表（1—2 月龄）

日龄	样品数量（只）	平均体重（千克）	日龄	样品数量（只）	平均体重（千克）
1	10	0.14±0.025	31	14	1.18±0.221
2	7	0.13±0.026	32	14	1.30±0.276
3	8	0.13±0.026	33	13	1.31±0.249
4	8	0.14±0.025	34	13	1.32±0.263
5	8	0.15±0.024	35	13	1.42±0.266
6	10	0.16±0.023	36	13	1.46±0.290
7	10	0.18±0.027	37	14	1.60±0.290
8	10	0.20±0.030	38	15	1.62±0.328
9	10	0.22±0.034	39	13	1.71±0.324
10	10	0.24±0.040	40	14	1.74±0.333
11	10	0.26±0.043	41	13	1.84±0.352
12	10	0.28±0.047	42	12	1.80±0.305
13	11	0.33±0.075	43	15	2.04±0.379
14	11	0.35±0.062	44	15	2.03±0.355
15	10	0.38±0.075	45	13	2.15±0.382
16	12	0.41±0.080	46	13	2.17±0.404
17	12	0.47±0.098	47	14	2.27±0.407
18	11	0.48±0.093	48	14	2.32±0.370
19	12	0.54±0.110	49	12	2.40±0.418
20	12	0.59±0.124	50	13	2.45±0.428
21	13	0.65±0.151	51	13	2.55±0.430
22	12	0.67±0.154	52	14	2.63±0.449
23	12	0.70±0.126	53	13	2.60±0.407
24	13	0.76±0.138	54	14	2.75±0.474
25	11	0.81±0.152	55	14	2.83±0.495
26	12	0.87±0.155	56	13	2.90±0.579
27	12	0.88±0.163	57	14	2.97±0.531
28	12	0.98±0.185	58	14	3.03±0.496
29	13	1.09±0.233	59	15	3.14±0.562
30（1 月龄）	17	1.14±0.192	60（2 月龄）	17	3.28±0.575

附表 4.2　大熊猫体重发育表（3—4 月龄）

日龄	样品数量（只）	平均体重（千克）	日龄	样品数量（只）	平均体重（千克）
61	15	3.31±0.614	91	15	5.38±1.012
62	16	3.39±0.624	92	15	5.52±1.034
63	15	3.53±0.690	93	17	5.63±0.973
64	14	3.57±0.700	94	16	5.70±1.013
65	16	3.60±0.693	95	14	5.72±1.111
66	15	3.62±0.699	96	15	5.84±1.085
67	14	3.67±0.639	97	15	5.88±1.086
68	15	3.84±0.731	98	16	6.02±1.083
69	13	3.88±0.762	99	13	5.92±1.027
70	15	3.95±0.715	100	15	6.14±1.073
71	15	4.03±0.759	101	14	6.23±1.138
72	16	4.11±0.745	102	14	6.25±1.172
73	15	4.17±0.752	103	14	6.21±1.050
74	16	4.25±0.777	104	14	6.39±1.228
75	14	4.28±0.833	105	14	6.46±1.204
76	14	4.30±0.735	106	13	6.38±1.105
77	14	4.43±0.877	107	16	6.68±1.189
78	15	4.56±0.885	108	17	6.81±1.272
79	16	4.64± 0.859	109	14	6.66±1.136
80	13	4.69±0.930	110	14	6.83±1.252
81	15	4.81±0.917	111	13	7.01±1.308
82	15	4.90±0.946	112	14	6.92±1.181
83	14	4.92±0.960	113	17	7.18±1.196
84	15	5.01±0.955	114	14	7.15±1.311
85	15	4.94±0.866	115	14	7.23±1.331
86	15	5.14±0.967	116	13	7.16±1.256
87	15	5.19±1.012	117	14	7.60±1.457
88	16	5.23±0.968	118	14	7.42±1.309
89	14	5.20±0.929	119	12	7.48±1.397
90（3 月龄）	16	5.31±0.954	120（4 月龄）	16	7.64±1.392

附表 4.3　大熊猫体重发育表（5—6 月龄）

日龄	样品数量（只）	平均体重（千克）	日龄	样品数量（只）	平均体重（千克）
121	14	7.62±1.350	151	16	10.60±2.189
122	13	7.98±1.543	152	15	10.57±2.266
123	15	8.00±1.482	153	14	10.71±2.380
124	13	7.90±1.496	154	13	10.52±2.249
125	14	8.18±1.558	155	12	10.67±2.374
126	16	8.27±1.474	156	14	10.69±2.268
127	15	8.39±1.553	157	14	10.80±2.335
128	16	8.31±1.445	158	14	10.88±2.421
129	13	8.33±1.626	159	14	10.91±2.368
130	14	8.58±1.707	160	15	10.97±2.359
131	14	8.70±1.760	161	14	11.06±2.419
132	13	8.76±1.684	162	14	11.17±2.419
133	15	8.92±1.746	163	15	11.25±2.341
134	14	8.88±1.710	164	14	11.42±2.454
135	16	9.02±1.699	165	14	11.56±2.544
136	13	9.12±1.949	166	14	11.60±2.595
137	14	9.33±1.954	167	14	11.85±2.652
138	15	9.43±1.909	168	14	11.92±2.573
139	13	9.32±1.957	169	14	12.00±2.648
140	15	9.59±1.937	170	15	12.22±2.640
141	14	9.68±2.013	171	14	12.28±2.749
142	15	9.69±1.835	172	14	12.41±2.814
143	14	9.75±1.918	173	14	12.64±2.877
144	12	9.64±2.029	174	14	12.70±2.897
145	15	10.15±2.079	175	14	12.81±2.922
146	12	10.27±2.332	176	13	12.99±3.087
147	14	10.29±2.243	177	14	13.22±3.004
148	15	10.45±2.211	178	12	13.16±3.293
149	16	10.36±2.108	179	12	13.18±3.278
150（5 月龄）	14	10.19±2.101	180（6 月龄）	15	12.98±3.073

附表 4.4　大熊猫体重发育表（7—8 月龄）

日龄	样品数量（只）	平均体重（千克）	日龄	样品数量（只）	平均体重（千克）
181	12	13.23±3.439	211	9	14.32±2.705
182	13	13.53±3.393	212	9	14.33±2.722
183	13	13.65±3.421	213	8	14.94±4.080
184	14	13.76±3.343	214	9	15.66±4.921
185	13	13.85±3.476	215	8	14.51±3.147
186	12	14.13±3.782	216	8	14.55±3.057
187	13	14.15±3.700	217	7	14.17±2.999
188	13	14.37±3.871	218	7	14.29±2.942
189	12	14.20±3.845	219	7	14.41±2.855
190	13	14.26±3.680	220	7	14.40±2.932
191	13	14.38±3.784	221	7	14.60±2.893
192	12	14.59±4.056	222	7	14.67±2.987
193	11	14.71±4.284	223	7	14.78±3.121
194	11	14.62±4.144	224	7	14.91±3.083
195	11	15.00±4.362	225	8	15.77±3.663
196	13	15.04±4.078	226	8	15.84±3.509
197	13	15.12±4.107	227	7	15.14±3.163
198	12	15.19±4.374	228	8	15.92±3.505
199	12	15.34±4.380	229	8	16.05±3.594
200	12	15.62±4.484	230	7	15.41±3.108
201	9	14.08±3.887	231	7	15.54±3.220
202	8	13.14±2.383	232	8	16.42±3.583
203	8	13.19±2.411	233	7	15.77±3.141
204	7	12.98±2.318	234	8	16.58±3.620
205	8	13.57±2.644	235	7	16.00±3.056
206	9	13.87±2.540	236	7	16.12±3.142
207	8	13.70±2.623	237	7	16.22±3.132
208	8	13.83±2.640	238	7	16.41±3.042
209	9	14.23±2.563	239	7	16.53±3.300
210（7 月龄）	10	14.50±2.688	240（8 月龄）	9	17.16±3.265

附表 4.5　大熊猫体重发育表（9—10 月龄）

日龄	样品数量（只）	平均体重（千克）	日龄	样品数量（只）	平均体重（千克）
241	7	17.01±3.299	271	7	20.21±4.180
242	8	17.64±3.431	272	7	20.36±4.332
243	8	14.92±6.686	273	8	21.57±5.222
244	7	17.31±3.527	274	7	20.45±4.317
245	8	18.98±5.930	275	9	22.97±6.565
246	7	17.41±3.650	276	7	20.70±4.252
247	8	18.02±3.556	277	7	20.71±4.648
248	7	17.84±3.569	278	7	20.90±4.406
249	7	17.81±3.765	279	6	20.53±4.813
250	8	18.72±3.908	280	6	20.90±4.659
251	7	17.95±3.443	281	6	20.79±4.536
252	7	18.26±3.818	282	6	21.07±4.670
253	7	18.48±3.780	283	6	21.02±4.501
254	8	19.04±3.986	284	6	21.38±4.602
255	7	18.73±3.936	285	6	21.03±4.571
256	7	18.66±3.664	286	5	19.32±0.676
257	7	18.89±3.776	287	6	21.33±4.770
258	7	19.06±3.966	288	6	21.50±4.529
259	7	19.04±3.969	289	6	21.55±4.661
260	7	19.05±3.850	290	6	21.53±4.401
261	7	19.26±4.219	291	6	21.80±4.666
262	7	19.42±4.155	292	7	22.79±4.857
263	7	19.56±3.980	293	6	22.20±4.826
264	7	19.64±4.222	294	6	22.28±5.025
265	7	19.52±4.248	295	6	22.34±4.798
266	7	19.77±4.206	296	6	22.72±4.832
267	7	19.83±4.299	297	6	22.49±4.959
268	7	19.95±4.087	298	6	22.75±4.944
269	7	19.93±3.921	299	6	22.81±4.921
270（9月龄）	9	20.65±4.035	300（10月龄）	8	23.90±4.755

附表 4.6　大熊猫体重发育表（11—60 月龄）

月龄	样品数量（只）	平均体重（千克）	月龄	样品数量（只）	平均体重（千克）
11	18	24.86±3.423	36	5	90.40±12.666
12	9	37.32±6.979	37	3	73.33±19.553
13	5	37.35±9.781	38	3	68.83±17.919
14	4	42.14±24.07	39	6	77.71±14.025
15	6	34.39±5.814	40	6	93.24±16.602
16	4	40.83±14.660	41	3	73.50±19.868
17	2	54.00±17.678	42	6	82.36±15.075
18	5	48.75±16.207	43	4	94.63±15.446
19	4	55.30±22.351	44	6	92.17±21.304
20	5	56.53±17.930	45	4	78.56±17.742
21	5	57.84±18.337	46	4	83.63±20.014
22	2	54.25±5.303	47	3	82.00±9.539
23	2	55.50±3.536	48	4	89.25±31.845
24	6	68.03±21.515	49	4	78.13±18.296
25	3	53.80±6.509	50	2	64.00±15.556
26	1	55.00	51	1	123.00
27	3	54.50±4.444	52	3	82.50±35.857
28	3	63.93±4.272	53	1	74.50
29	6	67.80±18.012	54	3	79.50±20.056
30	2	61.25±3.889	55	4	78.75±22.366
31	4	74.05±9.002	56	2	66.25±13.789
32	6	74.10±11.106	57	2	73.00±1.414
33	2	64.75±7.425	58	1	71.00
34	5	79.35±15.360	59	3	85.00±27.042
35	5	85.16±15.024	60	3	87.67±27.465

附表 4.7 大熊猫体重发育表（成年、老年）

年龄（岁）	样品数量（只）	平均体重（千克）	年龄（岁）	样品数量（只）	平均体重（千克）
6	11	99.05 ± 7.087	17	2	107.25 ± 3.889
7	5	106.40 ± 15.039	18	5	101.08 ± 9.330
8	4	108.63 ± 15.607	19	9	102.72 ± 13.194
9	9	98.73 ± 8.846	20	8	106.81 ± 15.173
10	1	119.00	21	3	116.00 ± 1.000
11	0	—	22	5	102.40 ± 10.262
12	3	106.83 ± 2.930	23	5	106.10 ± 17.119
13	3	108.33 ± 2.887	24	4	103.13 ± 12.925
14	3	108.00 ± 0.500	25	6	105.08 ± 12.925
15	4	106.63 ± 3.038	26	3	112.33 ± 6.506
16	3	110.00 ± 2.646			

备注：

1. 平均体重以"平均值 ± 标准差"表示。

2. 本表格仅统计北京动物园大熊猫的体重数据，10 月龄内样品数量（样品数量）均大于 5 只，故以"日"为单位进行统计。

3. 11 月龄至 5 岁龄间以"月"为单位进行数据统计，使用数据为"月龄当日 + 前后 2 日（共 5 日）"的数据。

4. 6 岁龄至 26 岁龄以"年"为单位进行统计，使用数据为"满周岁当月 + 前后 1 月（共 3 月）"的数据。

5. 11 岁龄无大熊猫体重数据。

（刘学锋　赵素芬　整理）

附录五 圈养大熊猫血液参数

附表 5.1　圈养大熊猫血液参数统计（不分年龄、性别）

测定项目	单位	样本数	平均值	标准差	实测 最小值	实测 最大值
血红蛋白 (HGB)	克 / 升	205	121.38	18.70	90	185
红细胞计数 (RBC)	×10^{12} 个 / 升	204	6.29	1.50	3.45	11.02
白细胞计数 (WBC)	×10^9 个 / 升	204	7.95	2.74	3.2	16.6
红细胞比积 (HCT)	升 / 升	204	0.36	0.04	0.27	0.51
中性杆状核粒细胞 (NSt)	×10^9 个 / 升	205	0.03	0.03	0	0.14
中性分叶核粒细胞 (NS)	×10^9 个 / 升	205	0.66	0.11	0.34	0.85
嗜酸性粒细胞 (Eo)	×10^9 个 / 升	205	0.05	0.03	0.01	0.12
嗜碱性粒细胞 (Ba)	×10^9 个 / 升	205	0.001	0.000 1	0	0.01
淋巴细胞 (Ly)	×10^9 个 / 升	205	0.22	0.08	0.08	0.49
单核细胞 (Mo)	×10^9 个 / 升	205	0.03	0.02	0	0.11
血清钾 (K)	毫摩尔 / 升	150	4.81	0.55	3.7	6
血清钠 (Na)	毫摩尔 / 升	149	129.21	7.33	109	142
血清氯 (Cl)	毫摩尔 / 升	154	95.85	6.52	80	110.36
血清钙 (Ca)	毫摩尔 / 升	136	2.25	0.25	1.73	3.21
血清磷 (P)	毫摩尔 / 升	136	1.72	0.29	1.13	2.45
血清铁 (Fe)	微摩尔 / 升	68	25.94	5.63	15.28	45.8
血清镁 (Mg)	毫摩尔 / 升	72	0.89	0.07	0.72	1.04
血糖 (GLU)	毫摩尔 / 升	150	4.15	0.93	2.4	8.05
尿素氮 (BUN)	毫摩尔 / 升	159	4.71	1.65	0.03	9.45
肌酐 (CR)	微摩尔 / 升	160	123.19	28.18	56	207.4
尿酸 (UA)	微摩尔 / 升	154	64.86	24.01	21.3	163
总胆固醇 (CHO)	毫摩尔 / 升	159	4.16	1.03	1.86	6.7
甘油三酯 (TG)	毫摩尔 / 升	84	1.67	0.68	0.42	3.29
白蛋白 (Alb)	克 / 升	157	34.70	6.00	21.6	45.24
总蛋白 (TP)	克 / 升	151	69.87	8.90	56	91.3
球蛋白 (Glb)	克 / 升	60	34.58	6.36	25.4	49.7
白蛋白 / 球蛋白 (A/G)		66	0.90	0.25	0.5	1.4
总胆红素 (TBIL)	微摩尔 / 升	72	0.64	0.31	0.2	1.8

测定项目	单位	样本数	平均值	标准差	实测最小值	实测最大值
直接胆红素 (DBIL)	微摩尔／升	74	0.29	0.17	0.03	0.63
总胆汁酸 (TBA)	微摩尔／升	58	62.11	29.26	22.5	112.52
高密度脂蛋白胆固醇 (HDL)	毫摩尔／升	59	2.63	0.47	1.42	3.49
低密度脂蛋白胆固醇 (LDL)	毫摩尔／升	59	0.78	0.56	0.21	2.93
谷丙转氨酶 (ALT)	单位／升	161	53.97	16.93	26.2	103
谷草转氨酶 (AST)	单位／升	157	57.26	20.29	23.5	126
乳酸脱氢酶 (LDH)	单位／升	157	860.92	259.76	142.39	1 382
碱性磷酸酶 (ALP)	单位／升	165	128.65	68.17	50.58	418
肌酸激酶 (CK)	单位／升	85	123.14	79.29	45	467
γ-谷氨酰胺转肽酶 (γ-GT)	单位／升	84	6.94	4.97	1.9	30
胆碱酯酶 (CHE)	单位／升	59	895.47	252.27	524	1 411
腺苷脱氨酶 (ADA)	单位／升	61	19.07	8.25	7	37
淀粉酶 (AMY)	单位／升	44	1 483.25	804.34	23.7	3 624.4
α-羟丁酸脱氢酶 (α-HBDH)	单位／升	38	748.02	221.67	305	1168
维生素 B_{12} (VitB$_{12}$)	皮克／毫升	45	150.68	73.83	58.63	329.4
叶酸 (Folate)	纳克／毫升	37	18.88	7.55	11.8	40
铜 (Cu)（全血微量元素）	微摩尔／升	28	15.98	4.00	8.96	25.03
锌 (Zn)（全血微量元素）	微摩尔／升	28	51.44	10.94	36.19	79.68
钙 (Ca)（全血微量元素）	毫摩尔／升	28	1.80	0.38	1.35	2.7
镁 (Mg)（全血微量元素）	毫摩尔／升	28	1.73	0.21	1.35	2.16
铁 (Fe)（全血微量元素）	毫摩尔／升	28	7.77	1.41	6.03	12.29
皮质醇 (Cortiol)	微克／分升	20	3.76	2.06	1.56	10.3
胰岛素类生长因子-1(IGF-1)	纳克／毫升	32	481.59	267.24	146	1147
总甲状腺素 (TT4)	微克／分升	17	1.22	0.34	0.73	1.87
游离甲状腺素 (FT4)	纳克／分升	17	0.52	0.14	0.32	0.87
总三碘甲状腺原氨酸 (TT3)	纳克／毫升	17	0.34	0.13	0.17	0.58
游离三碘甲状腺原氨酸 (FT3)	皮克／毫升	17	1.58	0.61	0.71	2.69

附表 5.2　圈养大熊猫血液参数统计 (5 岁龄以上、雄性)

测定项目	单位	样本数	平均值	标准差	实测最小值	实测最大值
血红蛋白 (HGB)	克／升	80	126.34	19.82	92	185
红细胞计数 (RBC)	$\times 10^{12}$ 个／升	79	6.52	1.42	4.48	11.02
白细胞计数 (WBC)	$\times 10^{9}$ 个／升	79	7.20	2.57	3.2	15.5
红细胞比积 (HCT)	升／升	79	0.38	0.04	0.27	0.51
中性杆状核粒细胞 (NSt)	$\times 10^{9}$ 个／升	79	0.03	0.03	0	0.14
中性分叶核粒细胞 (NS)	$\times 10^{9}$ 个／升	79	0.69	0.10	0.4	0.85
嗜酸性粒细胞 (Eo)	$\times 10^{9}$ 个／升	79	0.04	0.03	0.01	0.12
嗜碱性粒细胞 (Ba)	$\times 10^{9}$ 个／升	79	0.001	0.000 1	0	0
淋巴细胞 (Ly)	$\times 10^{9}$ 个／升	79	0.19	0.07	0.08	0.41
单核细胞 (Mo)	$\times 10^{9}$ 个／升	79	0.03	0.02	0.01	0.11
血清钾 (K)	毫摩尔／升	60	4.86	0.46	3.7	5.7
血清钠 (Na)	毫摩尔／升	60	129.79	6.11	111	142
血清氯 (Cl)	毫摩尔／升	63	95.74	5.07	82.7	104.05
血清钙 (Ca)	毫摩尔／升	61	2.21	0.19	1.83	2.81
血清磷 (P)	毫摩尔／升	60	1.68	0.27	1.19	2.39
血清铁 (Fe)	微摩尔／升	25	26.11	4.86	15.28	36.97
血清镁 (Mg)	毫摩尔／升	28	0.89	0.08	0.72	1.01
血糖 (GLU)	毫摩尔／升	68	3.88	0.82	2.4	6.59
尿素氮 (BUN)	毫摩尔／升	66	4.77	1.44	2.49	9.45
肌酐 (CR)	微摩尔／升	66	126.97	32.01	62	207.4
尿酸 (UA)	微摩尔／升	66	67.19	26.32	21.3	155
总胆固醇 (CHO)	毫摩尔／升	70	3.98	1.05	1.86	6.28
甘油三酯 (TG)	毫摩尔／升	37	1.53	0.70	0.55	3.29
白蛋白 (Alb)	克／升	66	34.42	5.95	21.7	44.55
总蛋白 (TP)	克／升	59	69.94	7.74	57.4	91.01
球蛋白 (Glb)	克／升	25	35.95	5.49	25.4	48.6
白蛋白／球蛋白 (A/G)		26	0.84	0.23	0.5	1.4
总胆红素 (TBIL)	微摩尔／升	32	0.73	0.37	0.32	1.8
直接胆红素 (DBIL)	微摩尔／升	33	0.30	0.17	0.03	0.63

（续）

测定项目	单位	样本数	平均值	标准差	实测最小值	实测最大值
总胆汁酸 (TBA)	微摩尔／升	23	60.44	35.81	22.5	110.94
高密度脂蛋白胆固醇 (HDL)	毫摩尔／升	23	2.66	0.43	2.08	3.38
低密度脂蛋白胆固醇 (LDL)	毫摩尔／升	23	0.83	0.72	0.21	2.93
谷丙转氨酶 (ALT)	单位／升	68	56.85	17.55	28.3	98.3
谷草转氨酶 (AST)	单位／升	67	66.56	17.61	35.15	118
乳酸脱氢酶 (LDH)	单位／升	68	865.87	247.00	360.57	1 382
碱性磷酸酶 (ALP)	单位／升	70	106.64	41.21	50.58	249.5
肌酸激酶 (CK)	单位／升	37	126.72	84.27	52	467
γ－谷氨酰胺转肽酶 (γ-GT)	单位／升	35	4.06	1.45	1.9	10.2
胆碱酯酶 (CHE)	单位／升	23	799.83	170.02	524	1 148
腺苷脱氨酶 (ADA)	单位／升	24	20.33	7.07	10	34.01
淀粉酶 (AMY)	单位／升	20	1 558.36	681.68	776	2 939.9
α－羟丁酸脱氢酶 (α-HBDH)	单位／升	20	778.05	235.57	380	1 168
维生素 B_{12}(VitB$_{12}$)	皮克／毫升	20	138.29	51.37	77.89	270.8
叶酸 (Folate)	纳克／毫升	17	17.55	5.66	14.4	38.4
铜 (Cu) (全血微量元素)	微摩尔／升	8	16.60	2.50	12.43	19.52
锌 (Zn) (全血微量元素)	微摩尔／升	8	56.13	15.19	40.83	79.68
钙 (Ca) (全血微量元素)	毫摩尔／升	8	2.01	0.51	1.51	2.7
镁 (Mg) (全血微量元素)	毫摩尔／升	8	1.73	0.27	1.48	2.16
铁 (Fe) (全血微量元素)	毫摩尔／升	8	8.24	2.17	6.31	12.29
皮质醇 (Cortiol)	微克／分升	2	3.80	2.51	2.02	5.57
胰岛素类生长因子－1(IGF－1)	纳克／毫升	7	335.29	73.06	257	422
总甲状腺素 (TT4)	微克／分升	8	0.99	0.23	0.73	1.4
游离甲状腺素 (FT4)	纳克／分升	8	0.54	0.18	0.32	0.87
总三碘甲状腺原氨酸 (TT3)	纳克／毫升	8	0.25	0.06	0.17	0.36
游离三碘甲状腺原氨酸 (FT3)	皮克／毫升	8	1.13	0.25	0.8	1.53

附表 5.3　圈养大熊猫血液参数统计 (5 岁龄以上、雌性)

测定项目	单位	样本数	平均值	标准差	实测 最小值	实测 最大值
血红蛋白 (HGB)	克／升	66	115.30	13.19	95	165
红细胞计数 (RBC)	$\times 10^{12}$ 个／升	66	5.76	1.19	3.6	9.73
白细胞计数 (WBC)	$\times 10^{9}$ 个／升	66	8.93	2.94	4.15	16.6
红细胞比积 (HCT)	升／升	66	0.34	0.03	0.28	0.44
中性杆状核粒细胞 (NSt)	$\times 10^{9}$ 个／升	65	0.03	0.03	0	0.12
中性分叶核粒细胞 (NS)	$\times 10^{9}$ 个／升	65	0.65	0.10	0.37	0.83
嗜酸性粒细胞 (Eo)	$\times 10^{9}$ 个／升	65	0.06	0.03	0.01	0.12
嗜碱性粒细胞 (Ba)	$\times 10^{9}$ 个／升	65	0.001	0.000 1	0	0.01
淋巴细胞 (Ly)	$\times 10^{9}$ 个／升	65	0.21	0.08	0.09	0.42
单核细胞 (Mo)	$\times 10^{9}$ 个／升	65	0.03	0.02	0	0.09
血清钾 (K)	毫摩尔／升	45	4.58	0.55	3.8	6
血清钠 (Na)	毫摩尔／升	43	130.47	7.44	109	142
血清氯 (Cl)	毫摩尔／升	46	95.03	6.69	80	108
血清钙 (Ca)	毫摩尔／升	38	2.13	0.25	1.73	3.21
血清磷 (P)	毫摩尔／升	39	1.59	0.21	1.21	2.04
血清铁 (Fe)	微摩尔／升	21	24.88	6.86	16.63	45.8
血清镁 (Mg)	毫摩尔／升	23	0.87	0.05	0.72	0.98
血糖 (GLU)	毫摩尔／升	44	4.58	1.17	2.87	8.05
尿素氮 (BUN)	毫摩尔／升	46	4.22	1.55	1.6	9.01
肌酐 (CR)	微摩尔／升	47	117.90	23.76	56	189.7
尿酸 (UA)	微摩尔／升	45	60.27	24.94	22.8	163
总胆固醇 (CHO)	毫摩尔／升	48	4.41	0.91	3.05	6.7
甘油三酯 (TG)	毫摩尔／升	24	1.93	0.61	0.82	3.12
白蛋白 (Alb)	克／升	47	34.03	5.53	22	43.08
总蛋白 (TP)	克／升	46	74.52	10.41	59	91.3
球蛋白 (Glb)	克／升	16	36.09	8.34	26.4	49.7
白蛋白／球蛋白 (A/G)		18	0.86	0.27	0.5	1.3
总胆红素 (TBIL)	微摩尔／升	19	0.54	0.25	0.2	1.1
直接胆红素 (DBIL)	微摩尔／升	22	0.26	0.15	0.03	0.51
总胆汁酸 (TBA)	微摩尔／升	16	71.39	25.96	24.96	112.52

测定项目	单位	样本数	平均值	标准差	实测最小值	实测最大值
高密度脂蛋白胆固醇(HDL)	毫摩尔／升	17	2.46	0.54	1.42	3.49
低密度脂蛋白胆固醇(LDL)	毫摩尔／升	17	0.95	0.55	0.51	2.57
谷丙转氨酶(ALT)	单位／升	46	50.36	18.45	26.2	103
谷草转氨酶(AST)	单位／升	46	56.38	23.54	23.5	126
乳酸脱氢酶(LDH)	单位／升	45	810.15	273.47	142.39	1 378
碱性磷酸酶(ALP)	单位／升	49	123.65	55.56	56.63	287.1
肌酸激酶(CK)	单位／升	24	114.79	94.47	45	467
γ－谷氨酰胺转肽酶(γ–GT)	单位／升	25	10.83	6.84	4.6	30
胆碱酯酶(CHE)	单位／升	17	785.47	226.23	540	1 314
腺苷脱氨酶(ADA)	单位／升	18	14.00	8.14	7	37
淀粉酶(AMY)	单位／升	10	1 733.01	1 139.63	23.7	3 624.4
α－羟丁酸脱氢酶(α–HBDH)	单位／升	9	722.33	261.55	305	1 143
维生素B_{12}(VitB_{12})	皮克／毫升	15	144.50	71.74	58.63	327.6
叶酸(Folate)	纳克／毫升	13	20.68	9.59	13.19	40
铜(Cu)（全血微量元素）	微摩尔／升	7	15.08	3.37	11.17	20.58
锌(Zn)（全血微量元素）	微摩尔／升	7	49.41	8.70	40.02	67.25
钙(Ca)（全血微量元素）	毫摩尔／升	7	1.66	0.13	1.55	1.92
镁(Mg)（全血微量元素）	毫摩尔／升	7	1.62	0.09	1.52	1.79
铁(Fe)（全血微量元素）	毫摩尔／升	7	7.04	0.69	6.13	7.92
皮质醇(Cortiol)	微克／分升	11	2.87	0.95	1.56	4.56
胰岛素类生长因子－1(IGF－1)	纳克／毫升	13	307.08	143.46	146	637
总甲状腺素(TT4)	微克／分升	3	1.53	0.19	1.32	1.69
游离甲状腺素(FT4)	纳克／分升	3	0.52	0.12	0.38	0.6
总三碘甲状腺原氨酸(TT3)	纳克／毫升	3	0.45	0.14	0.29	0.54
游离三碘甲状腺原氨酸(FT3)	皮克／毫升	3	2.02	0.23	1.83	2.28

附表 5.4　圈养大熊猫血液参数统计 (5 岁龄以下、雄性)

测定项目	单位	样本数	平均值	标准差	实测最小值	实测最大值
血红蛋白 (HGB)	克 / 升	25	123.76	22.66	90	182
红细胞计数 (RBC)	$\times 10^{12}$ 个 / 升	24	6.54	1.79	3.46	10.56
白细胞计数 (WBC)	$\times 10^9$ 个 / 升	24	8.16	2.95	3.5	13.3
红细胞比积 (HCT)	升 / 升	24	0.34	0.04	0.27	0.45
中性杆状核粒细胞 (NSt)	$\times 10^9$ 个 / 升	24	0.02	0.01	0.01	0.04
中性分叶核粒细胞 (NS)	$\times 10^9$ 个 / 升	24	0.62	0.12	0.34	0.82
嗜酸性粒细胞 (Eo)	$\times 10^9$ 个 / 升	24	0.05	0.04	0.01	0.12
嗜碱性粒细胞 (Ba)	$\times 10^9$ 个 / 升	24	0.001	0.000 1	0	0
淋巴细胞 (Ly)	$\times 10^9$ 个 / 升	24	0.27	0.08	0.15	0.4
单核细胞 (Mo)	$\times 10^9$ 个 / 升	24	0.04	0.02	0.01	0.09
血清钾 (K)	毫摩尔 / 升	16	4.87	0.72	3.7	6
血清钠 (Na)	毫摩尔 / 升	17	123.06	7.74	109	132
血清氯 (Cl)	毫摩尔 / 升	15	94.42	8.78	84	110.36
血清钙 (Ca)	毫摩尔 / 升	11	2.39	0.19	2.13	2.68
血清磷 (P)	毫摩尔 / 升	10	1.87	0.17	1.62	2.13
血清铁 (Fe)	微摩尔 / 升	11	27.27	5.72	20.84	34.2
血清镁 (Mg)	毫摩尔 / 升	10	0.95	0.05	0.89	1.04
血糖 (GLU)	毫摩尔 / 升	13	3.83	0.30	3.41	4.5
尿素氮 (BUN)	毫摩尔 / 升	17	5.90	2.29	0.03	8.97
肌酐 (CR)	微摩尔 / 升	17	116.54	21.21	75.1	151.3
尿酸 (UA)	微摩尔 / 升	15	65.84	19.04	35.1	109.68
总胆固醇 (CHO)	毫摩尔 / 升	15	3.74	0.81	2.33	4.88
甘油三酯 (TG)	毫摩尔 / 升	11	1.39	0.59	0.73	2.4
白蛋白 (Alb)	克 / 升	17	34.07	5.12	24	42.69
总蛋白 (TP)	克 / 升	17	65.05	6.56	59.7	89.12
球蛋白 (Glb)	克 / 升	11	32.32	4.71	26.4	39.3
白蛋白 / 球蛋白 (A/G)		11	0.99	0.24	0.6	1.3
总胆红素 (TBIL)	微摩尔 / 升	11	0.55	0.13	0.26	0.69
直接胆红素 (DBIL)	微摩尔 / 升	10	0.27	0.18	0.03	0.55
总胆汁酸 (TBA)	微摩尔 / 升	11	50.62	13.77	29.45	68.76

漫漫求索路　殷殷国宝情
——北京动物园大熊猫易地保护研究纪实

测定项目	单位	样本数	平均值	标准差	实测最小值	实测最大值
高密度脂蛋白胆固醇（HDL）	毫摩尔／升	11	2.96	0.37	2.27	3.46
低密度脂蛋白胆固醇（LDL）	毫摩尔／升	11	0.52	0.18	0.34	0.81
谷丙转氨酶（ALT）	单位／升	17	52.77	15.44	30.93	93
谷草转氨酶（AST）	单位／升	15	38.11	8.26	29.25	64.5
乳酸脱氢酶（LDH）	单位／升	15	864.46	286.05	501.05	1 358.4
碱性磷酸酶（ALP）	单位／升	17	188.26	104.46	67.77	406.01
肌酸激酶（CK）	单位／升	11	105.14	20.96	66.8	135.5
γ－谷氨酰胺转肽酶（γ-GT）	单位／升	11	5.98	2.39	4	12.8
胆碱酯酶（CHE）	单位／升	11	1081.36	244.28	739	1 403
腺苷脱氨酶（ADA）	单位／升	11	19.91	5.30	12	27
淀粉酶（AMY）	单位／升	6	790.17	226.94	502	1 176
α－羟丁酸脱氢酶（α-HBDH）	单位／升	3	721.33	21.73	705	746
维生素 B_{12}（VitB$_{12}$）	皮克／毫升	2	86.85	4.74	83.5	90.2
叶酸（Folate）	纳克／毫升	2	17.05	1.63	15.9	18.2
铜（Cu）（全血微量元素）	微摩尔／升	7	16.65	5.99	9.71	25.03
锌（Zn）（全血微量元素）	微摩尔／升	7	48.39	8.95	36.19	58.94
钙（Ca）（全血微量元素）	毫摩尔／升	7	1.78	0.25	1.35	2.09
镁（Mg）（全血微量元素）	毫摩尔／升	7	1.69	0.19	1.35	1.87
铁（Fe）（全血微量元素）	毫摩尔／升	7	7.44	0.95	6.03	8.53
皮质醇（Cortiol）	微克／分升	4	5.64	3.59	1.82	10.3
胰岛素类生长因子－1（IGF－1）	纳克／毫升	7	854.14	205.62	572	1 147
总甲状腺素（TT4）	微克／分升	3	1.55	0.39	1.12	1.87
游离甲状腺素（FT4）	纳克／分升	3	0.52	0.14	0.39	0.66
总三碘甲状腺原氨酸（TT3）	纳克／毫升	3	0.42	0.14	0.32	0.58
游离三碘甲状腺原氨酸（FT3）	皮克／毫升	3	1.98	0.43	1.65	2.47

附录

附表 5.5 圈养大熊猫血液参数统计 (5 岁龄以下、雌性)

测定项目	单位	样本数	平均值	标准差	实测最小值	实测最大值
血红蛋白 (HGB)	克／升	35	119.74	19.11	90	169
红细胞计数 (RBC)	$×10^{12}$ 个／升	35	6.57	1.75	3.45	10.3
白细胞计数 (WBC)	$×10^9$ 个／升	35	7.71	2.05	3.8	11.5
红细胞比积 (HCT)	升／升	35	0.35	0.04	0.29	0.51
中性杆状核粒细胞 (NSt)	$×10^9$ 个／升	34	0.02	0.01	0.01	0.08
中性分叶核粒细胞 (NS)	$×10^9$ 个／升	34	0.63	0.11	0.35	0.8
嗜酸粒细胞 (Eo)	$×10^9$ 个／升	34	0.04	0.03	0.01	0.11
嗜碱粒细胞 (Ba)	$×10^9$ 个／升	34	0.001	0.000 1	0	0
淋巴细胞 (Ly)	$×10^9$ 个／升	34	0.27	0.09	0.09	0.49
单核细胞 (Mo)	$×10^9$ 个／升	34	0.04	0.02	0.01	0.09
血清钾 (K)	毫摩尔／升	29	5.04	0.52	4.2	6
血清钠 (Na)	毫摩尔／升	29	129.76	7.84	109	142
血清氯 (Cl)	毫摩尔／升	30	98.07	7.44	81	109.89
血清钙 (Ca)	毫摩尔／升	26	2.44	0.28	1.99	3.19
血清磷 (P)	毫摩尔／升	27	1.96	0.32	1.13	2.45
血清铁 (Fe)	微摩尔／升	11	26.22	4.92	18.36	35.8
血清镁 (Mg)	毫摩尔／升	11	0.88	0.05	0.78	0.96
血糖 (GLU)	毫摩尔／升	25	4.33	0.61	3.28	5.8
尿素氮 (BUN)	毫摩尔／升	30	4.64	1.53	2.27	8.06
肌酐 (CR)	微摩尔／升	30	126.95	28.18	77	194.6
尿酸 (UA)	微摩尔／升	28	66.22	18.61	26.47	100.86
总胆固醇 (CHO)	毫摩尔／升	26	4.41	1.17	2.3	6.59
甘油三酯 (TG)	毫摩尔／升	12	1.82	0.69	0.42	2.61
白蛋白 (Alb)	克／升	27	36.95	7.11	21.6	45.24
总蛋白 (TP)	克／升	29	65.19	5.37	56	75.8
球蛋白 (Glb)	克／升	8	30.39	4.14	26.8	39
白蛋白／球蛋白 (A/G)		11	1.02	0.25	0.6	1.3
总胆红素 (TBIL)	微摩尔／升	10	0.63	0.32	0.3	1.4
直接胆红素 (DBIL)	微摩尔／升	9	0.35	0.23	0.09	0.63
总胆汁酸 (TBA)	微摩尔／升	8	64.17	28.40	25.08	92.29

测定项目	单位	样本数	平均值	标准差	实测最小值	实测最大值
高密度脂蛋白胆固醇(HDL)	毫摩尔／升	8	2.45	0.29	1.91	2.79
低密度脂蛋白胆固醇(LDL)	毫摩尔／升	8	0.62	0.21	0.41	1.08
谷丙转氨酶(ALT)	单位／升	30	53.64	13.01	31.6	80
谷草转氨酶(AST)	单位／升	29	47.09	11.27	30.18	70
乳酸脱氢酶(LDH)	单位／升	29	926.25	250.76	193.03	1 252
碱性磷酸酶(ALP)	单位／升	29	155.29	85.79	59.51	418
肌酸激酶(CK)	单位／升	13	143.64	65.63	52	301.3
γ－谷氨酰胺转肽酶（γ－GT）	单位／升	13	8.01	2.92	3	13
胆碱酯酶(CHE)	单位／升	8	1 148.63	217.33	795	1 411
腺苷脱氨酶(ADA)	单位／升	8	25.50	9.93	10	36
淀粉酶(AMY)	单位／升	8	1 503.06	699.16	611	2 652
α－羟丁酸脱氢酶（α－HBDH）	单位／升	6	699.83	187.30	519	1 033
维生素B_{12}(VitB$_{12}$)	皮克／毫升	8	222.38	96.32	85.06	329.4
叶酸(Folate)	纳克／毫升	6	19.38	9.03	11.8	37
铜(Cu)（全血微量元素）	微摩尔／升	6	15.42	4.27	8.96	21.25
锌(Zn)（全血微量元素）	微摩尔／升	6	51.14	9.06	42.97	63.47
钙(Ca)（全血微量元素）	毫摩尔／升	6	1.70	0.48	1.4	2.66
镁(Mg)（全血微量元素）	毫摩尔／升	6	1.90	0.15	1.66	2.08
铁(Fe)（全血微量元素）	毫摩尔／升	6	8.37	0.94	7.51	9.8
皮质醇(Cortiol)	微克／分升	3	4.49	1.03	3.33	5.31
胰岛素类生长因子－1(IGF－1)	纳克／毫升	5	618.60	132.43	449	771
总甲状腺素(TT4)	微克／分升	3	1.18	0.04	1.13	1.21
游离甲状腺素(FT4)	纳克／分升	3	0.48	0.10	0.37	0.55
总三碘甲状腺原氨酸(TT3)	纳克／毫升	3	0.38	0.11	0.29	0.5
游离三碘甲状腺原氨酸(FT3)	皮克／毫升	3	1.79	1.00	0.71	2.69

备注：

1. 样品说明

样品来自北京动物园圈养展出的大熊猫，年龄 1~31 岁，其中 5 岁龄以上雄性 9 只，5 岁龄以上雌性 8 只，5 岁龄以下雄性 12 只，5 岁龄以下雌性 10 只，通过临床检查和实验室诊断确定是健康个体。

取前肢静脉，动物在麻醉保定、物理保定、训练条件下。采集 EDTA 抗凝血 1 毫升用于血常规测定，同时采集约 5 毫升全血分离血清，用于生化项目检测。另外，全血微量元素测定需要肝素抗凝血 1 毫升，甲状腺功能等特殊项目测定所需血清按检测实验室要求采血后送检。

2. 检测方法（仪器）

血常规项目测定：血红蛋白用氰化高铁法 (XK-2 型血红蛋白仪)，红细胞计数、白细胞计数用显微镜计数法，白细胞分类用血涂片瑞－姬氏（Wright-Giemsa）染色法。

红细胞比积：用温氏法（Wintrobe）。

生化项目测定（日立 7080 生化分析仪）：血糖用葡萄糖氧化酶法，肌酐用肌氨酸氧化酶法，尿素氮用脲酶速率法，尿酸用尿酸酶比色法，总蛋白用双缩脲法，白蛋白用溴甲酚绿法，高密度脂蛋白胆固醇、低密度脂蛋白胆固醇用 CAT 法，总胆红素、直接胆红素用钒酸盐法，总胆汁酸用循环酶法，血清铁用亚铁嗪比色法，血清镁用比色法，总胆固醇、甘油三酯、腺苷脱氢酶用酶法，其他各种酶用速率法。

离子测定：钾、钠、氯用离子选择性电极法，钙用偶氮砷Ⅲ法，磷用磷钼酸紫外法。

特殊项目测定：皮质醇、维生素 B_{12}、叶酸、甲功项目用电化学发光法（罗氏 E602），胰岛素样生长因子 -1 用化学发光法（西门子 2000）。

全血微量元素测定：用原子吸收分光光度法（博晖 BH5100）。

另外，部分常用生化项目同时用 VS2 动物专用生化分析仪测定。

3. 数据统计

将血液参数测定数据进行统计学处理，根据不同年龄、性别进行分组统计分析（见附表 5-1 至附表 5-5），仅供参考。

4. 说明

关于血液参数的检测方法，北京动物园兽医院实验室多年来进行了多方面的选择和尝试。目前，血常规检测采用传统方法，相比全自动仪器，对大熊猫更加适用，但容易受到人为操作因素的影响。生化项目的检测，有时用动物专用快速生化仪，虽然检测项目较少，但适用于急诊检查，有时将标本外送做多项血液参数检测，不足之处是仪器的适用性不明确，对检测过程不能够全程掌握，出现问题时难以分析原因。不同仪器的检测结果往往会出现差异，个别项目甚至差异很大：如用日立 7080 生化分析仪测定时（表 1 中所列数据），总胆红素平均值为 0.66 微摩尔／升、标准差为 0.33 微摩尔／升，直接胆红素平均值为 0.33 微摩尔／升、标准差为 0.17 微摩尔／升；而用 VS2 动物专用生化分析仪测定时，总胆红素平均值为 3.36 微摩尔／升、标准差为 1.83 微摩尔／升，直接胆红素平均值为 2.98 微摩尔／升、标准差为 1.53 微摩尔／升。差异非常大，类似的情况也出现在尿酸等项目的测定中。另外，在对一些特殊项目检测时，仪器的适用性更为关键，许多项目的检测结果都显示出方法不适用：如进行甲功五项检测时，其中 TT4、FT4、TT3、FT3 的测定结果虽然比人的正常参考值低，但数值处于相对稳定的范围；而促甲状腺激素（FSH）的测定值非常小，接近于 0。类似情况还出现在载脂蛋白 -A1、脂蛋白 a、降钙素、生长激素等指标的测定中，所以用许多目前人医的方法检测大熊猫的血液参数是不适用的，测定结果对于临床诊断及健康评估没有意义，甚至会误导，提示在对大熊猫血液参数进行测定时，在尽可能利用医学先进技术的同时，也要考虑新技术的适用性，不能盲目套用。

177

（杨明海　张成林　整理）